プログラムで愉しむ
数理パズル

──未解決の難問やAIの課題に挑戦──

工学博士 伊庭 斉志 著

コロナ社

ま　え　が　き

　　ほかの偉大な数学者と同じように Kummer もまた熱心なコンピュータであった。そして，抽象的な熟考ではなく数多くの計算の経験によって発見に導かれたのである。しかし今日ではコンピュータの使用は評判が悪い。計算が楽しみであるという考えはめったに聞かれない（Harold, M.E.："Fermat's Last Theorem: A Genetic Introduction to Algebraic Number Theory" Springer Science & Business Media, 2000）。

　本書は，プログラムを通して数理パズルを楽しみ，その背後にある考えや応用につながるアイディアを理解しようというものです。

　筆者の前著（『C による探索プログラミング（オーム社，2008 年発行)』）でも述べましたが，もともとプログラミングが好きでも得意でもなかった筆者は，自分のためにプログラムを書き始めて，その面白さに魅入られました。博士課程で幾何定理の自動証明という人工知能の一分野をテーマとしてコンピュータを利用するうちに，コンピュータは道具でありながら，かつ創造的な手段であることに気がついたのです。このまえがきや 1 章の冒頭の引用にあるように，実験したり計算したりすることは，偉大な数学者においても重要な研究のよすがであったようです。ガウスやオイラーが現代によみがえったとすれば，きっと彼らもコンピュータを駆使していたと思います。

　そのため本書では，さまざまな数理的なトピックをプログラムの実行を通して理解するように解説しています。その内容は，数学の未解決問題，確率パズル，数理パラドクス，中立進化のメカニズム，数理最適化など多岐にわたります。人工知能や人工生命の最新のトピックへの関連も紹介しています。これらの話題はそれぞれ独立なので，読者は興味を持った問題から読み進めていくことをおすすめします。

　本書のトピックのほとんどは専門的知識を要しない平易な話題から始まりますが，中には未解決問題や最新の研究テーマにつながるものもあります。例え

ば，Floyd の問題（6.2 節）やモラン過程（5 章）などは筆者の関連する分野での学位論文のテーマの一つとなっています。もしも興味を持ったらその関連の文献や最新の動向を調査するとよいでしょう。

　本書で説明するプログラムのソースコード（一部は巻末付録にも掲載）やデモソフト，練習問題のヒントと解答例の一部は筆者の研究室のホームページ†からダウンロード可能になっています。読者はぜひ自ら実験して，プログラミングで愉しみながら学んでください。ただしこれらのプログラムは解答の一例かもしれません。そのためダウンロードして実行するだけではなく，自分でプログラムを修正（できれば作成）することを推奨します。それによりプログラムを通して考えること，さらには人工知能や人工生命につながるようなプログラムを実現することの楽しさや奥深さを実感できると期待しています。また読者の自習を助けるために練習問題は以下のようにレベル分けしています。これらはおもに筆者の講義で出題したときのレベルを踏襲しています。

$\bigstar$　：易しい問題（basic level）または参考問題（とくに解く必要はないが数学的な厳密性を求めるなら挑戦すべき）

$\bigstar\bigstar$　：中程度の問題（ambitious level）

$\bigstar\bigstar\bigstar$：難しい問題（super-ambitious level）

　本書のもとになったのは，筆者の大学での「計算機プログラミング」「ソフトウェア・プログラミング II」「人工知能」「システム工学基礎」「シミュレーション学」などの講義ノートです。講義の運営に協力してくれた，東京大学大学院・情報理工学系研究科・電子情報学専攻・伊庭研究室のスタッフの方々および学生の皆さまに厚くお礼を申し上げます。とくにヴー・バン・タンさんと宮田圭介さんは 1 章のプログラム作成を手伝ってくれました。また，勝元甫君は truel と秘書問題のデモソフト作成に協力してくれました。さらに本書で説明するトピックに関連したプログラム作成に協力してくれた学生の皆さま，なによりも面白いレポート作成に尽力してくれた受講生の皆さまに深く感謝いたします。

---

†　http://www.iba.t.u-tokyo.ac.jp/の書籍サポートから辿れるページ（URL は 2016 年 3 月現在）

これらの講義では，毎回優れたプログラムや感心させられるレポートを目にすることが少なくありません。また，まったく講義と関係ない一般の方々（社会人や他大学の学生など）から課題の解答が送られてくることもありました。ホームページを見て課題内容に興味を持たれたそうです。この機会にこうした好事家の皆さまに深く感謝いたします。

　最後に，いつも研究生活を陰ながら支えてくれた妻由美子，子どもたち（滉基，滉乃，滉豊）に心から感謝します。

2016 年 3 月　Queen City にて

伊庭　斉志

目　　　　次

① 数 で 遊 ぼ う

1.1　素数を生成する式 …………………………………………………………… *1*

1.2　素数を判定するアルゴリズム ……………………………………………… *7*

1.3　素 数 の 不 思 議 …………………………………………………………… *12*

1.4　繰返しを極めよう …………………………………………………………… *22*

1.5　未解決問題の予想に挑戦しよう…………………………………………… *25*

1.6　整数になる不思議 …………………………………………………………… *29*

1.7　三角形を考える ……………………………………………………………… *32*

② 確率の不思議を見てみよう

2.1　パスカルの問題：確率論の誕生…………………………………………… *39*

2.2　ランダムな 3 点が鋭角三角形になる確率は？：

　　　答えが一つとは限らない…………………………………………………… *42*

2.3　入れ替わっても元の位置にない確率は？ ……………………………… *46*

2.4　コペルニクスの原理と未来の予測 ………………………………………… *52*

③ 確率の難問に挑もう

3.1　ベイジアンになろう ………………………………………………………… *60*

3.2　3 囚人の問題：私は幸せになったのか？ ………………………………… *72*

3.3　モンティ・ホール問題：一攫千金を狙え ………………………………… *75*

3.4　Kruskal カウント：マジックは好きですか？ …………………………… *78*

④ 論理パズルを読み解く

4.1　100 囚人の問題：プログラミングに群論を ……………………………… *84*

vi　目　　　　　　次

4.2　truel：3人で決闘をしてみたら…　………………………………… *88*

4.3　13日の金曜日は本当に多いのか？　………………………………… *101*

4.4　三段論法推論：ソクラテスは死ぬか？　…………………………… *105*

❺　進化の不思議を見てみよう

5.1　モ ラ ン 過 程　………………………………………………………… *114*

5.2　遺伝子の固定確率　……………………………………………………… *117*

5.3　進 化 速 度　…………………………………………………………… *119*

5.4　中 立 仮 説　…………………………………………………………… *120*

5.5　中立進化を実験してみよう　………………………………………… *122*

5.6　中立仮説と進化速度　…………………………………………………… *125*

5.7　系 統 樹 の 作 成　……………………………………………………… *126*

5.8　最尤法による推定方法　………………………………………………… *131*

❻　最適化の難問に挑戦しよう

6.1　秘書問題：一番よい秘書さんを選ぶには？　……………………… *135*

6.2　分割問題：公平に分割するのは難しい　…………………………… *145*

6.3　荷物をどう詰めるか？　………………………………………………… *156*

付録：プログラム　………………………………………………………… *168*

引用・参考文献　…………………………………………………………… *183*

練習問題のヒントと解答例　……………………………………………… *188*

索　　　　　引　…………………………………………………………… *211*

1 数で遊ぼう

数論は，数学のほかのどのような部門よりも，実験科学であることから始まった。数論の有名な定理は，その証明が与えられるより前に，ときには 100 年以上前に予想されており，多くの計算結果という証拠によって示唆されていた（G.H. ハーディ[†1,36),†2]）。

1.1 素数を生成する式

数学者レオンハルト・オイラー[†3]は，$F(n) = n^2 + n + 41$ という二次多項式を発見しました。この式は最初の 40 項（$n = 0, 1, 2, \cdots, 39$）の入力に対して素数となります。簡単なプログラムで試すと，次のような出力結果を得ることができます。

【出力例 1.1】 オイラーの式

```
iba@fs(~/prime)[520]: ./Euler
素数 F(0)=41 F(1)=43 F(2)=47 F(3)=53 F(4)=61
素数 F(5)=71 F(6)=83 F(7)=97 F(8)=113 F(9)=131
素数 F(10)=151 F(11)=173 F(12)=197 F(13)=223 F(14)=251
素数 F(15)=281 F(16)=313 F(17)=347 F(18)=383 F(19)=421
素数 F(20)=461 F(21)=503 F(22)=547 F(23)=593 F(24)=641
素数 F(25)=691 F(26)=743 F(27)=797 F(28)=853 F(29)=911
素数 F(30)=971 F(31)=1033 F(32)=1097 F(33)=1163 F(34)=1231
素数 F(35)=1301 F(36)=1373 F(36)=1373 F(37)=1447 F(38)=1523
素数 F(39)=1601
```

[†1] イギリスの数学者，ゴッドフレイ・ハーディ（Godfrey Harold Hardy（1877–1947））。『ある数学者の生涯と弁明』は，数学に対する優れた随筆であり一読の価値がある。ラマヌジャン（本書 30 ページ参照）を見出したことでも有名。

[†2] 肩付数字は巻末の引用・参考文献番号を表す。

[†3] スイス生まれの数学者，Leonhard Euler（1707–1783）。

2   1. 数 で 遊 ぼ う

```
合成数 F(40)=1681 :1681 = 41 x 41
合成数 F(41)=1763 :1763 = 41 x 43
素数 F(42)=1847 F(43)=1933
合成数 F(44)=2021 :2021 = 43 x 47
素数 F(45)=2111 F(46)=2203 F(47)=2297 F(48)=2393
合成数 F(49)=2491 :2491 = 47 x 53
```

　残念ながら，$n = 40$ では合成数となってしまいます。同じように，三次の多項式としては，$F(n) = n^3 - 16n^2 + 151n - 23$ は $n = 1, 2, \cdots, 20$ に対して素数となります。

【出力例 1.2】　三次の素数生成多項式

```
iba@fs(~/prime)[520]: ./Euler2
素数 F(1)=113 F(2)=223 F(3)=313 F(4)=389 F(5)=457
素数 F(6)=523 F(7)=593 F(8)=673 F(9)=769 F(10)=887
素数 F(11)=1033 F(12)=1213 F(13)=1433 F(14)=1699 F(15)=2017
素数 F(16)=2393 F(17)=2833 F(18)=3343 F(19)=3929 F(20)=4597
合成数 F(21)=5353 :5353 = 53 x 101
素数 F(22)=6203
合成数 F(23)=7153 :7153 = 23 x 311
素数 F(24)=8209
```

　一般に，$2n + 1$ 個の連続する自然数 $(1, 2, \cdots, 2n + 1)$ に対して素数を与える次数 n の多項式は無限に存在することが証明されます。

　素数だけを与える（一変数）多項式は存在するでしょうか？　単純な例として，定数関数 $f(n) = 43$ などは除外します。そのような関数 $f(n)$ が存在すると，$p = f(1)$ として，$f(1 + p \cdot k) = f(1) + p \times (定数)$ なので，p が $f(1 + p \cdot k)$ を割ることが分かります。そのため，残念ながら素数だけを与える定数以外の一変数多項式は存在しないことが分かります。

　では，多変数の多項式は存在するでしょうか？　驚くべきことに，以下の多項式は無限に多くの素数を生成することが証明されています[73]。

$$(k + 2) \times (1 - [wz + h + j - q]^2$$

1.1 素数を生成する式

$$-[(gk + 2g + k + 1)(h + j) + h - z]^2$$
$$-[2n + p + q + z - e]^2$$
$$-[16(k + 1)^3(k + 2)(n + 1)^2 + 1 - f^2]^2$$
$$-[e^3(e + 2)(a + 1)^2 + 1 - o^2]^2$$
$$-[(a^2 - 1)y^2 + 1 - x^2]^2$$
$$-[16r^2y^4(a^2 - 1) + 1 - u^2]^2$$
$$-[([a + u^2(u^2 - a)]^2 - 1)(n + 4dy)^2 + 1 - (x + cu)^2]^2$$
$$-[n + l + v - y]^2 - [(a^2 - 1)l^2 + 1 - m^2]^2$$
$$-[ai + k + 1 - l - i]^2$$
$$-[p + l(a - n - 1) + b(2an + 2a - n^2 - 2n - 2) - m]^2$$
$$-[q + y(a - p - 1) + s(2ap + 2a + p^2 - 2p - 2) - x]^2$$
$$-[z + pl(a - p) + t(2ap - p^2 - 1) - pm]^2) \tag{1.1}$$

この式は 26 変数 $a, b, c, \cdots, z$ の 25 次多項式です。変数 $a, b, c, \cdots, z$ は自然数の値を取り，式 (1.1) が正値を取るときに素数となります。より詳しく言うと，式 (1.1) のすべての正値は素数の集合と一致します。

式 (1.1) は次のように書き直すことができます。

$$(k + 2) \times (1 - F_1^2 - F_2^2 - F_3^2 - F_4^2 - F_5^2 - F_6^2 - F_7^2 - F_8^2$$
$$- F_9^2 - F_{10}^2 - F_{11}^2 - F_{12}^2 - F_{13}^2 - F_{14}^2)$$

ここで，$F_1 = wz + h + j - q$, $F_2 = (gk + 2g + k + 1)(h + j) + h - z$, $\cdots$ などとなっています。したがって，式 (1.1) が正の値を与えるのは，$F_1, F_2, \cdots$ がすべて 0 のときに限ります。そのときに $k + 2$ が素数となります。

ただし，$F_1, F_2, \cdots$ がすべて 0 となる変数 $a, b, c, \cdots$ の割り当てを求めることは容易ではありません。そのため式 (1.1) を素数生成のプログラムとして使用することは困難です。なお，素数のみを生成する多変数多項式はほかにも多く知られています。例えば 10 変数からなるものもありますが，その次数は非常に大きくなります。

4　　1. 数 で 遊 ぼ う

✏【練習問題 1.1 ★★★】　素数生成多項式

式 (1.1) が本当に素数を生成するか確かめてみましょう。つまり

$$F_i = 0 \quad (i = 1, 2, \cdots, 14)$$

として，適切な $a, b, c, \cdots$ の割り当てを求めて，$k+2$ の値を計算してみます。ただし，かなり大きな整数演算が必要となります。数式処理システム Mathematica などで連立方程式として簡略化して解くのがよいでしょう。

次に，素数を生成する漸化式を考えましょう。有名なものに Matthew Frank が発見した次の式があります。

$$a(n) = a(n-1) + gcd(n, a(n-1)) \tag{1.2}$$

ここで $gcd(a, b)$ は a と b の最大公約数です。初項は $a(1) = 7$ です。この漸化式を計算するプログラムを【プログラム A.1】に示します（まえがきに示した筆者のホームページに掲載）。

プログラムの実行結果は次のようになります。

💻【出力例 1.3】　Matthew Frank の漸化式 (1)

```
iba@fs(~/prime)[509]: ./gcd
a(1) = 7
a(2) = 7 + gdc(2,7) = 7 + 1 = 8
a(3) = 8 + gdc(3,8) = 8 + 1 = 9
a(4) = 9 + gdc(4,9) = 9 + 1 = 10
a(5) = 10 + gdc(5,10) = 10 + 5 = 15
・・・(途中省略)
a(17) = 40 + gdc(17,40) = 40 + 1 = 41
a(18) = 41 + gdc(18,41) = 41 + 1 = 42
a(19) = 42 + gdc(19,42) = 42 + 1 = 43
a(20) = 43 + gdc(20,43) = 43 + 1 = 44
a(21) = 44 + gdc(21,44) = 44 + 1 = 45
a(22) = 45 + gdc(22,45) = 45 + 1 = 46
a(23) = 46 + gdc(23,46) = 46 + 23 = 69
a(24) = 69 + gdc(24,69) = 69 + 3 = 72
a(25) = 72 + gdc(25,72) = 72 + 1 = 73
```

1.1 素数を生成する式　　**5**

　この計算から，$gcd(n, a(n-1))$ が 1 でないときには，$a(n) = 3n$ となることが分かります。

　ここで，$a(n) - a(n-1) = gcd(n, a(n-1))$ の値を表示すると次のようになります。以下の出力では，左から右へ，上から下に n の値を増やして表示しています。

【出力例 1.4】　Matthew Frank の漸化式 (2)

```
iba@fs(~/prime)[509]: ./gcd2
1  1  1  5  3  1  1  1  11  3  1  1  1  1  1  1  1  1  1  1  1  23  3  1  1  1  1  1
1  1  1  1  1  1  1  1  1   1  1  1  1  1  1  1  1  47  3  1  5  3  1  1  1  1  1  1
1  1  1  1  1  1  1  1  1   1  1  1  1  1  1  1  1  1   1  1  1  1  1  1  1  1  1  1
1  1  1  1  1  1  1  1  1   1  1  1  1  101 3  1  1  7  1  1  1  1  11  3  1  1
1  1  1  13 1  1  1  1  1   1  1  1  1  1  1  1  1  1   1  1  1  1  1  1  1  1  1  1
1  1  1  1  1  1  1  1  1   1  1  1  1  1  1  1  1  1   1  1  1  1  1  1  1  1  1  1
1  1  1  1  1  1  1  1  1   1  1  1  1  1  1  1  1  1   1  1  1  1  1  1  1  1  1  1
1  1  1  1  1  1  233 3  1  1  1  1  1  1  1  1  1  1   1  1  1  1  1  1  1  1  1  1
1  1  1  1  1  1  1  1  1   1  1  1  1  1  1  1  1  1   1  1  1  1  1  1  1  1  1  1
1  1  1  1  1  1  1  1  1   1  1  1  1  1  1  1  1  1   1  1  1  1  1  1  1  1  1  1
1  1  1  1  1  1  1  1  1   1  1  1  1  1  1  1  1  1   1  1  1  1  1  1  1  1  1  1
1  1  1  1  1  1  1  1  1   1  1  1  1  1  1  1  1  1   1  1  1  1  1  1  1  1  1  1
1  1  1  1  1  1  1  1  1   1  1  1  1  1  1  1  1  1   1  1  1  1  1  1  1  1  1  1
1  1  1  1  1  1  1  1  1   1  1  1  1  1  1  1  1  1   1  1  1  1  1  1  1  1  1  1
1  1  1  1  1  1  1  1  1   1  1  1  1  1  1  1  1  467 3  1  5  3  1  1  1  1  1  1
1  1  1  1  1  1  1  1  1   1  1  1
```

　これを見ると，$gcd(n, a(n-1))$ の値は 1 または素数となるようです。実際にこのことが 2008 年に証明されました。

　$gcd(n, a(n-1))$ の列では，素数 p が生成される前に，1 の項が $(p-3)/2$ 個続きます。また 7 と異なる初項では合成数を生成する場合もあります。$p = 2$ は出現しないようですが，ほかにも生成されない素数はあるのでしょうか？　2011年に，$gcd(n, a(n-1))$ の列が無限に多くの異なる素数を生成することが証明されました。

　本書での最大公約数を計算するアルゴリズムにはユークリッドの互除法を用いています。この方法の計算量については文献[7] を参照してください。最大公約数を求めるより高速なアルゴリズムとしてジョセフ・ステインの方法が知られています[86]。この方法では次のように $gcd(a, b)$ を場合分けして求めます。

$$gcd(0, n) \qquad\qquad = n \qquad\qquad\qquad (1.3)$$

6   1. 数 で 遊 ぼ う

$$gcd(n, 0) \qquad\qquad = n \qquad\qquad\qquad (1.4)$$

$$gcd(n, n) \qquad\qquad = n \qquad\qquad\qquad (1.5)$$

$$gcd(2n, 2m) \qquad\qquad = 2 \times gcd(n, m) \qquad\qquad (1.6)$$

$$gcd(2n, 2m + 1) \qquad\quad = gcd(n, 2m + 1) \qquad\qquad (1.7)$$

$$gcd(2n + 1, 2m) \qquad\quad = gcd(2n + 1, m) \qquad\qquad (1.8)$$

$$gcd(2n + 1, 2(n + k) + 1) = gcd(2n + 1, k) \qquad\qquad (1.9)$$

$$gcd(2(n + k) + 1, 2n + 1) = gcd(2n + 1, k) \qquad\qquad (1.10)$$

この方法では，引数が偶数か奇数かで場合分けします。式 (1.9) と (1.10) は引数がともに奇数であった場合に大小を考慮して処理しています。最初の三つの式はユークリッドの互除法の実装でも使用する条件ですが，式 (1.6)〜(1.10) を使用して再帰をせずに最大公約数を求めます。

例えば，$gcd(72, 112)$ は次のように計算されます。

$$gcd(72, 112) \Longrightarrow 2^3 \cdot gcd(9, 14) \Longrightarrow 2^3 \cdot gcd(9, 7) \Longrightarrow 2^3 \cdot gcd(7, 1)$$
$$\Longrightarrow 2^3 \cdot gcd(1, 3) \Longrightarrow 2^3 \cdot gcd(1, 1) \Longrightarrow 2^3 \cdot 1 \Longrightarrow 8$$

ここでは再帰的な呼び出しがされていません。実際の実装においては，2 進表現の高速シフトを利用することで効率的なアルゴリズムが実現されます[33]。

✏️【練習問題 1.2 ★】　　Benoit Cloitre の漸化式

以下の漸化式を考えます。

$$a(n) = a(n - 1) + lcm(n, a(n - 1)) \qquad\qquad (1.11)$$

ここで $lcm(a, b)$ は a と b の最小公倍数です。初項は $a(1) = 1$ です。このとき $(a(n)/a(n - 1)) - 1$ を計算してみましょう。

1.2 素数を判定するアルゴリズム

ここで素数判定アルゴリズムについて説明しましょう。すぐに思いつくアルゴリズムは，約数の候補となりそうな小さな数から割っていく方法です。この場合，自然数 n に対して，$\sqrt{n}$ 以下の候補を調べることになり，計算量が $O(\sqrt{n})$ のアルゴリズムです。しかし，n のビット数（$\log_2 n$）に対して指数的な時間が必要になり，大きな自然数の場合には効率的ではありません。以下では，より効率的なアルゴリズムとして，Miller-Rabin 素数判定テストを説明します。以下の記述は文献[24), 35)] をもとにしています。なお，本節はやや難解であるので興味のない読者は読み飛ばしても構いません。

まず，べき剰余（a^b を n で割った余り）を効率的に計算する必要があります。a^b は非常に大きな値になるので，そのためオーバーフローを防ぐ必要があります。べき剰余を実現する方法として反復二乗法が知られています[24)]。この方法は b の 2 進表現

$$< b_k, b_{k-1}, \cdots, b_1, b_0 >$$

を用います（b_k が最高位ビット，b_0 が最下位ビット）。b の 2 進ビット長は $k+1$ です。なお，$k \pmod{n}$ は k を n で割った余りを表します。また $a \equiv b \pmod{n}$ は $a - b$ が n で割り切れることを示します（合同式と呼ばれる）。

【反復二乗法のアルゴリズム】 a^b を n で割った余りを求める。

```
procedure Modular_Exponentiation(a, b, n);
    var d, i: integer;
begin
    d:=1;
    < b_k, b_{k-1}, ···, b_1, b_0 > を b の 2 進表現とする
    for i := k downto 0 begin
        d:=d × d (mod n);
        if b_i = 1
            then d:=d × a (mod n);
```

```
    end
    return d
end;
```

このアルゴリズムでは，順に計算される各指数は，前の値の2倍か，前の値に1を加えたものです．毎回の繰返しでは，b_i が 0 か 1 かによって，次のいずれかを実行します．

$$a^{2c} \pmod{n} = (a^2)^2 \pmod{n} \qquad (b \text{ が } 0 \text{ のとき})$$

$$a^{2c+1} \pmod{n} = a \cdot (a^2)^2 \pmod{n} \qquad (b \text{ が } 1 \text{ のとき})$$

この方法では，入力の a, b, n が β ビットなら，$O(\beta)$ 回の算術演算と $O(\beta^3)$ 回のビット演算が必要となります．

【プログラム A.2】では，反復二乗法に基づくべき剰余関数を `long long int mod_pow(long long int x, long long int y, long int p)` で実現しています．また，そこで用いられる関数 `long long int mod_mul(long long int x, long long int y, long long int p)` は，$x \times y$ を p で割った余りを求める手続きで，大きな数に関してのオーバーフローを避けるための工夫がなされています．

次に，効率的な素数判定テストを説明します．ここではフェルマー[†1]の小定理と呼ばれる次の命題を利用します[†2]．

 定理 1.1 フェルマーの小定理 n を素数とするとき，すべての整数 $0 < a < n$ に対して $a^{n-1} \equiv 1 \pmod{n}$ が成立する．

この定理から，ある整数 a で $a^{n-1} \not\equiv 1 \pmod{n}$ となるならば，n は合成数

[†1] フランスの数学者，ピエール・ド・フェルマー（Pierre de Fermat (1608–1665)）．「数論の父」とも呼ばれる．本職は弁護士であり，数学は趣味であった．フェルマーの最終定理（3 以上の自然数 n に対して $x^n + y^n = z^n$ となる自然数 x, y, z は存在しない）は 1995 年にアンドリュー・ワイルズにより解決された．

[†2] この定理を証明するには，以下のウィルソンの定理を用いる．

p が素数のとき，$(p-1)! \equiv p-1 \pmod{n}$

また群論におけるラグランジュの定理を用いた証明法もある[33]．

であることが分かります。そこで，a で合成数を判別する関数 Witness1 を構成します。

【合成数判定のアルゴリズム】 a を証拠とした合成数を判別する。
procedure Witness1(a, n);
begin
  if Modular_Exponentiation$(a, n - 1, n) \neq 1$
    then return TRUE; // 確実に合成数：a は証拠
    else return FALSE; // たぶん素数
end;

　この関数は合成数のときに TRUE を返します（その際の a を証拠と呼びます）。このときは必ず正しくなります。一方，合成数とは判定されないときに FALSE を返しますが必ずしも素数というわけではありません（これを擬似素数と呼びます）。では，どのくらいの精度で正しく判定されるのでしょうか？

　このときエラー率がきわめて小さいことが分かっています。例えば Witness$(2, n)$ は 2 をもとに合成数を判定しますが，10 000 未満の n でエラーとなるのはわずか 22 通りです。最初の四つの数は 341, 561, 645, 1 105 です。50 桁の数で擬似素数になる確率は $1/10^{13}$ 以下であるとされています[24]。2 に対して擬似素数であるときには，ほかの数 s（例えば 3）で Witness(s, n) を実行すればよいと思われます。しかし残念ながら，すべての $1 < s < n$ に対して擬似素数となる数も存在します。このような数をカーマイケル数と呼びます。最初のカーマイケル数は，561, 1 105, 1 729 です。ただしカーマイケル数はそれほど多くないことが知られています。実際に，100 000 000 以下では 255 個しか存在しません。一方で，561 のような数に対処するために，次の定理を用います。

定理 1.2 自然数 n に対して，ある数 x が $x^2 \equiv 1 \pmod{n}$ を満たすが，$x \equiv 1 \pmod{n}$ でも $x \equiv -1 \pmod{n}$ でもないとき，n は合成数である。

10   1. 数 で 遊 ぼ う

このような x のことを，（n を法とする）1 の自明でない平方根と呼びます。
例えば，561 はカーマイケル数なので $7^{561-1} \equiv 1 \pmod{560}$ となり，定理 1.1
では合成数であることが判定でません。つまり 7 は証拠にはなれません。一方，
これを計算する途中に登場する 7^{280} という数は $7^{280} \equiv 67 \pmod{560}$ となり，
自明でない平方根 67 が見つかりました。そのため 561 は合成数であることが
分かります。

このことをもとに，改良した a を証拠として素数判定を行う関数 Witness2
を次のように作成します。

【改良した合成数判定のアルゴリズム】 a を証拠とした合成数を判別する。

procedure Witness2(a, n);
    var d, i, x: **integer**;
begin
    $n - 1$ の 2 進表現を $< b_k, b_{k-1}, \cdots, b_1, b_0 >$ とする
    $d:=1$;
    for $i := k$ **downto** 0 **begin**
        $x:=d$
        $d:=d \times d \pmod{n}$;
        if $d = 1$ かつ $x \neq 1$ かつ $x \neq n - 1$ **then return** TRUE
        if $b_i = 1$ **then** $d:=d \times a \pmod{n}$;
    end;
    if $d \neq 1$ **then return** TRUE;
    return FALSE;
end;

この関数は，Modular_Exponentiation に基づいています。最後の部分で
TRUE を返すのは，定理 1.1 よる合成数の判定です。一方，途中の判定（$d = 1$
かつ $x \neq 1$ かつ $x \neq n - 1$）では，自明でない 1 の平方根 x が見つかることに
なり，定理 1.1 から合成数として判定します。なお，n が奇数の合成数なら，合
成数に対する証拠が少なくとも $(n-1)/2$ 個存在することが証明されています。
この関数を用いて，Miller-Rabin 素数判定テストでは，ランダムに選んだ証拠
a をもとに n が合成数であることを確率的に探索します。

1.2 素数を判定するアルゴリズム 11

> **【Miller-Rabin 素数判定テスト (1)】** 証拠を s 回選んで合成数を判別する。
> ```
> procedure Miller-Rabin(n, s);
>     var j: integer;
> begin
>     for j := 1 to s begin
>         1 より大きく n − 1 以下の自然数 a を選ぶ
>         if Witness2(a, n)    then return 合成数
>     end;
>     return 素数;
> end;
> ```

ここで s は Witness2 の繰返し回数です。このアルゴリズムでは合成数を返すときは必ず正しく，素数を返すときはほぼ正しくなります。n が β ビットであるときに，s 回のべき剰余しか必要でないため，$O(s\beta)$ の算術演算が必要になっています。エラー率（合成数なのに素数と判定してしまう確率）は，ランダムに選ぶ数 s に依存します。前述のように証拠を引き当てる可能性は少なくとも毎回 $1/2$ あるので，間違う確率はたかだか $1/2^s$ となります。s を大きな数にすればほとんどの応用で十分となるでしょう。

同じ手法ですが，合成数を判定する証拠に対して次の定理を用いる方法もあります。ここで素数性を判定すべき奇数 n を $2^k m + 1$ と書きます。ただし k を 2^k が $n - 1$ を割り切るような最大の整数としています。

定理 1.3 奇数 $n = 2^k m + 1$ が素数であるならば，$1 < a < n$ であるすべての自然数 a に対して $a^m \equiv 1 \pmod{n}$ か，またはある i $(0 \leqq i \leqq k - 1)$ に対して $a^{2^i m} \equiv -1 \pmod{n}$ が成立する[35]。

Miller と Rabin はどのような奇数の合成数 n に対しても，$1 < a < n$ となる a のなかで，定理 1.3 の条件を成立させないものの割合が $3/4$ 以上であることを証明しました[35]。この結果をもとにした Miller-Rabin 素数判定テストは次のようになります。

12   1. 数 で 遊 ぼ う

【Miller-Rabin 素数判定テスト (2)】
procedure Miller-Rabin(n, s);
　　var j: integer;
begin
　　for $j := 1$ to s begin
　　　　1 より大きく $n-1$ 以下の自然数 a を選ぶ
　　　　if n を a で割った余りが 0　then return 合成数
　　　　if a と n が定理 1.3 の条件を満たさない　then return 合成数
　　end;
　　return 素数;
end;

　ここで s は証拠 a に基づく判定の繰返し回数です。このアルゴリズムは合成数を返すときは必ず正しく，素数を返すときはほぼ正しくなります。誤りの確率はたかだか $1/4^s$ です。また，このアルゴリズムで定理 1.3 の条件を調べるためのビット演算の回数は，n が β ビットであるときに $O(\beta^3)$ となっています。

　【プログラム A.2】では，この関数を，int is_prime(long long int n) として実現しています。証拠には以下の 9 個の自然数を用います。

　　　const int a[9] = 2, 3, 5, 7, 11, 13, 17, 19, 23;

　$s = 9$ なのでこの場合のエラー率は $1/2^{18}$ となります。このプログラムで素数判定の時間を比べてみました。ランダムに生成した $1\,000\,000$ 個の自然数に対してはすべて正確に判別しました。通常の方法（7ページで述べた $\sqrt{n}$ までの自然数で割る方法）での実行時間が 29.880 秒であったのに対して，Miller-Rabin 法では 16.490 秒であり，約 2 倍近くの効率化となっています。当然ながら大きな自然数であれば Miller-Rabin 法の効率がよくなっていくと期待されます。

1.3　素数の不思議

　有名な数学者でも，ときには間違いをします。例えばオイラーはフェルマーの最終定理（8ページの脚注参照）の次のような一般化が成り立つことを予想

しました。

> **オイラー予想**
> $n \geqq 4$ のとき $x_1^n + x_2^n + \cdots + x_{n-1}^n = y^n$ には自然数の解がない。

ところが 1988 年になって $n = 4$ と $n = 5$ での反例が発見されています[1]。実際には $n = 4$ で無限に多くの解があることが分かっています。最初の二つは

$$95\,800^4 + 217\,519^4 + 414\,560^4 = 422\,481^4$$

$$2\,682\,440^4 + 15\,365\,639^4 + 18\,796\,760^4 = 20\,615\,673^4$$

です。次の解は各桁が 70 桁になるそうです。

【プログラム A.3】で実験してみると $n = 5$ では次のような反例が見つかりました。なおこのプログラムでは効率的に探索するためにハッシュ表を利用しています。繰返しの多さをさけるために，式を $x_1^5 + x_2^5 + x_3^5 = y^5 - x_4^5$ のように分割して探索します。ハッシュのキーは左辺の n 乗の和です。右辺の n を計算してハッシュ表にあるかを調べます。

【出力例 1.5】 オイラー予想の反例
```
iba@fs(~/prime)[515]: ./euler
initialized hash table
run time : 1.870
27^5 + 84^5 + 110^5 + 133^5 = 144^5
run time : 1.910
```

ゴールドバッハ[†1]予想（「2 よりも大きな偶数は二つの素数の和として表すことができる」）は未解決の数論の問題として最も有名な予測の一つです。数学小説[40]にもなっているように，多くの数学ファンの心をとらえています[†2]。

[†1] プロイセン出身の数学者，クリスチャン・ゴールドバッハ（Christian Goldbach（1690–1764））。
[†2] 数学小説『ペトロス伯父と「ゴールドバッハの予想」』は一読の価値がある。数学者の厳しい生きざまと悲哀がよくわかる。

4×10^{18} までのすべての偶数について成り立つことがコンピュータの計算で確かめられています[†]。もともとは，以下の予想をゴールドバッハがオイラーへの書簡で述べたとされています。

ゴールドバッハ予想

　5 より大きな任意の自然数は，三つの素数の和で表せる。

【プログラム A.4】で実験してみましょう。ランダムな数に対して実行してみるとたしかに成立します。

【出力例 1.6】　ゴールドバッハ予想

```
iba@fs(~/prime)[515]: ./goldbach
6 以上,10^18 以下の整数を入力してください: 123456789
123456789 = 3 + 29 + 123456757
6 以上,10^18 以下の整数を入力してください: 123456789012345
123456789012345 = 3 + 41 + 123456789012301
6 以上,10^18 以下の整数を入力してください: 9999999999999999
9999999999999999 = 3 + 59 + 9999999999999937
```

この予想は，偶数を三つの素数の和で表すとその一つは 2 となるから，通常のゴールドバッハ予想と同じことになります。なお，以下の予想は「弱い」ゴールドバッハ予想と呼ばれています。

弱いゴールドバッハ予想

　5 より大きい奇数は三つの素数の和で表せる。ただし三つの素数には同じものがあってもよい。

ゴールドバッハ予想からこの予想は導かれるが，その逆は成り立ちません。また，一見正しそうに見えるが，じつは間違っている予想の例も多くあります。

[†] 2012 年現在。

1.3 素数の不思議

例えば、フランスの数学者ド・ポリニャック（Alphonse de Polignac）による次の予想を考えてみましょう[51]。

> **ド・ポリニャック予想**
> 3より大きい任意の奇数は2のべきと素数の和として表すことができる。

この予想を【プログラムA.5】で試してみました。するとたしかに50までの奇数では予想が成立しています。

【出力例1.7】　ド・ポリニャック予想

```
iba@fs(~/prime)[515]: ./Polignac
 5 = 2^1 + 3       7 = 2^1 + 5      9 = 2^1 + 7      11 = 2^2 + 7
13 = 2^1 + 11     15 = 2^1 + 13    17 = 2^2 + 13    19 = 2^1 + 17
21 = 2^1 + 19     23 = 2^2 + 19    25 = 2^1 + 23    27 = 2^2 + 23
29 = 2^4 + 13     31 = 2^1 + 29    33 = 2^1 + 31    35 = 2^2 + 31
37 = 2^3 + 29     39 = 2^1 + 37    41 = 2^2 + 37    43 = 2^1 + 41
47 = 2^2 + 43     49 = 2^1 + 47
```

しかしそのあと127では満たされないことが分かります。さらに続けていくと、1000までの奇数のうち、以下の数で成立しないことが分かります。つまり約97%の奇数で予想は成立します。

【出力例1.8】　ド・ポリニャック予想の反例

```
iba@fs(~/prime)[515]: ./Polignac2
2の累乗と素数の和で表せない奇数は...
3    127   149   251   331   337   373   509   599
701  757   809   877   905   907   959   977   997
```

次に、ポリア予想（1919年）[†]を考えてみましょう。これは次のようなものです[31]。

[†] ハンガリーの数学者、ジョージ・ポリア（György Pólya（1887–1985））。『いかにして問題をとくか』、『数学における発見はいかになされるか』などの名著は、問題解決のヒューリスティクスとも関連があり、人工知能（AI）のテキストとしても興味深い。

ポリア予想

任意の値以下のすべての自然数のうち，少なくとも半数が奇数個の素因数を持っている。ただし繰り返し現れる因数は別々に数え，また2からスタートする。

例えば【プログラム A.6】で実験してみましょう。最初のいくつかを見るとたしかに成立します。

【出力例 1.9】 ポリア予想

```
iba@fs(~/prime)[515]: ./Polyla
数     素因数が奇数個である割合
2  --> 1.000000      3  --> 1.000000      4  --> 0.666667
5  --> 0.750000      6  --> 0.600000      7  --> 0.666667
8  --> 0.714286      9  --> 0.625000      10 --> 0.555556
100 --> 0.515152    200 --> 0.542714     300 --> 0.528428
400 --> 0.508772    500 --> 0.521042     600 --> 0.505843
700 --> 0.516452    800 --> 0.514393     900 --> 0.505006
1000 --> 0.507508   2000 --> 0.505753    3000 --> 0.507503
4000 --> 0.506627   5000 --> 0.504701    6000 --> 0.504751
7000 --> 0.507215   8000 --> 0.502813    9000 --> 0.502500
10000 --> 0.504750  20000 --> 0.501375   30000 --> 0.501383
40000 --> 0.502263  50000 --> 0.500890   60000 --> 0.502242
70000 --> 0.501079  80000 --> 0.500856   90000 --> 0.501172
```

この予想はたしかに成り立つように思われました。ところが1958年に 1.845×10^{361} 未満で予想が成り立たないことが解析的数論により証明されました。その後最小の反例が906 150 257 であることが証明されています[31]。反例のためのプログラムが【プログラム A.7】です。たしかに反例を見つけますが，メモリを大きく使用することに注意してください。

当然ながら2以外の素数は奇数で，適当な自然数 k に対して $4k+1$ か $4k-1$ と表されます。素数は無限に存在しますが，それぞれの素数型のどちらも無限に存在することが証明されています。

1.3 素数の不思議

【練習問題 1.3 ★】 $4k-1$ 型素数

素数が無限に存在する証明法として，ユークリッドの方法[†1]が有名です．この論法を利用して，$4k-1$ 型素数が無限にあることを証明してください．なお，$4k+1$ 型素数が無限にある証明はこれよりもかなり難しくなります．

フェルマーが予想して，オイラーが証明した命題に次のものがあります[37]．

$4k+1$ 型素数

$4k+1$ 型素数は二つの平方数の和として書け，その表し方は 1 通りである．一方，$4k-1$ 型素数は二つの平方数の和としては書けない．

【プログラム A.8】で実験してみましょう．ランダムな数に対して実行してみると $4k+1$ 型素数についてたしかに成立します．

【出力例 1.10】 $4k+1$ 型素数 (1)

```
iba@fs(~/prime)[515]: ./4k+1
2113546921 = 22725^2 + 39964^2      1604427421 = 12405^2 + 38086^2
1580165473 = 2648^2 + 39663^2       2101309757 = 25174^2 + 38309^2
1777011661 = 16206^2 + 38915^2      1963917617 = 10756^2 + 42991^2
2132002001 = 30376^2 + 34775^2      1685916889 = 2308^2 + 40995^2
771870289 = 10775^2 + 25608^2       1265961209 = 11053^2 + 33820^2
1070977477 = 15334^2 + 28911^2      1663471597 = 20829^2 + 35066^2
1542449269 = 18370^2 + 34713^2      1223553101 = 22685^2 + 26626^2
700850329 = 17573^2 + 19800^2       1358601913 = 3507^2 + 36692^2
1586459521 = 7489^2 + 39120^2       895445753 = 5843^2 + 29348^2
867522973 = 9493^2 + 27882^2        238104049 = 8665^2 + 12768^2
```

$4k+1$ 型素数は二つの平方数の和として書けることは，ラグランジュ[†2]も証明し，かつ彼は平方数を求めるアルゴリズムも示しています．これは平方剰余

[†1] 有限個だとすると，すべての素数を掛け合わせて 1 を足した数もまた素数となり矛盾する．

[†2] イタリア生まれの学者，ジョセフ＝ルイ・ラグランジュ (Joseph-Louis Lagrange (1736–1813))．オイラーと並ぶ 18 世紀最大の数学者であり天文学者．

18　　1. 数 で 遊 ぼ う

を用いる手法です。この方法を文献[2]に従って説明しましょう。

2以外の素数 p に対して $x^2 \equiv a \pmod{p}$ が解を持つとき a を p の平方剰余，解がないとき平方非剰余と言います。a が p の平方剰余であるための必要十分条件は $a^{(p-1)/2} - 1$ が p の倍数であることです。例えば，$p = 29$ に対して，2は平方非剰余です。実際，$2^7 \equiv 12 \pmod{29}$ なので $2^{(29-1)/2} = 2^{14} \equiv -1 \pmod{29}$ です。1から $p-1$ までの整数のうち，半分ずつが平方剰余と平方非剰余になっています。このことから，平方（非）剰余を求めるにはランダムに生成した数を何度か試みるのが簡単です。もちろん，より効率的な生成方法も知られています[2]。例えば，整数論を用いた以下の規則を利用することができます。

1. p が8で割って5余るときには，2が平方非剰余である。

2. p が3で割って2余るときには，3が平方非剰余である。

3. p が5で割って2か3が余るときには，5が平方非剰余である。

これらの条件に当てはまらないときに乱数を取って調べるのが効率的です。実際比較的小さい p の範囲では，4で割って1余る p のうち1024までで上の三つに当てはまらないのは5個のみとなっています。

さて，平方非剰余をもとにして，$4k+1$ 型素数 p を二つの平方数の和に表すアルゴリズムは次のようになります。

二つの平方数の和を求めるアルゴリズム

Step1 p の平方非剰余 x を求める。

Step2 $u = x^{(p-1)/4}$ を求める。$p < u$ なら u を p で割った余りを u と考えることで，$1 < u < p$ としてよい。もし，$u > p/2$ なら $p-u$ を取ることで，$u < p/2$ とできる。

Step3 $n_0 = p$, $n_1 = u$ とする。

Step4 $j = 1$ とする。

Step5 n_{j-1} を n_j で割った余りを n_{j+1} とする。

Step6 $n_{j+1} < \sqrt{p}$ であれば，**Step7** へ。

Step7 $j = j+1$ として **Step4** へ。
Step8 n_j を n_{j+1} で割った余りを n_{j+2} とする。
Step9 $p = n_{j+1}^2 + n_{j+2}^2$ となっている。

p の平方非剰余 x に対して，$u = x^{(p-1)/4}$ とすると，$u^2 + 1$ は p の倍数となります。つまり u は -1 の平方根です。また，p と u はたがいに素なので，**Step5** の割り算（互除法）は最後には 1 となり終了します。このアルゴリズムの正当性は文献[2),61)]を参照してください。

例えば，$p = 29$ の場合を考えましょう。このとき，平方非剰余として，前述の $u = 12$ があります。ここで

$$29 \div 12 = 2 \quad 余り \quad 5$$

で，$5 < \sqrt{29}$ なので **Step8** を実行し

$$12 \div 5 = 2 \quad 余り \quad 2$$

を求めます。したがって

$$29 = 5^2 + 2^2$$

となります。

このアルゴリズムを実装して実験をしてみました（【プログラム A.9】）。ランダムな数に対する実行結果は以下のようになりました。

【出力例 1.11】 $4k+1$ 型素数 (2)
```
iba@fs(~/prime)[515]: ./p=a2+b2
1611042997 = 38274^2   + 12089^2
704540033 = 26168^2    + 4447^2
* 438979969 = 17313^2    + 11800^2
660715193 = 22037^2    + 13232^2
327671353 = 17972^2    + 2163^2
* 1586019601 = 38600^2    + 9801^2
```

20　　1. 数 で 遊 ぼ う

```
1645825073 = 40108^2  + 6097^2
1604182669 = 40045^2  + 762^2
423596941 = 16029^2  + 12910^2
1526822081 = 35905^2  + 15416^2
737624837 = 19871^2  + 18514^2
```

　この実行結果で ＊ がついている数（例：438979969）は，平方非剰余の三つ
の規則に当てはまらない自然数であることを示しています。これらについても
正しく平方数が求められています。ランダムに生成した 10 000 個の $4k + 1$ 型
素数で実験してみると，このアルゴリズムの実行時間は 6.440 秒でした。一方，
比較のために 17 ページの【プログラム A.8】で実行してみると，22.560 秒で
した。3 倍を超えるスピードアップとなっています。なお，平方剰余のアルゴ
リズムを応用すると，$4k - 1$ 型素数を四つ以下の平方数の和として表すことも
できます[61]。

　双子の素数とは，差が 2 であるような二つの素数のことです。例えば，3 と
5 や 239 と 241 がそれに相当します。双子の素数が無限にあるかは未解決の問
題です。奇妙なことに，すべての双子素数の逆数の和は収束することが証明さ
れ，このことから双子素数は有限個かもしれません。

　より一般的に，素数だけからなる公差 d が自然数の有限等差数列を有限等差
素数列と呼びます（初項を k とします）。例えば

$$3 \ 5 \ 7 \qquad\qquad (k = 3, d = 2)$$

$$5 \ 11 \ 17 \ 23 \ 29 \qquad\qquad (k = 5, d = 6)$$

$$7 \ 37 \ 67 \ 97 \ 127 \ 157 \qquad (k = 7, d = 30)$$

などが有限等差素数列です。一般に素数 k から始まる有限等差素数列の長さは
k 以下です。なぜなら公差 d に対して，$k + 1$ 項目は $k \times (d + 1)$ の合成数とな
るからです。「任意の長さの有限等差素数列が必ず存在する」という予想は，長
らく未解決でした[16]。しかし 2004 年にベン・グリーン（Ben Green）とテレ
ンス・タオ（Terence Tao）により証明されました。その貢献などによりタオ

は 2006 年にフィールズ賞を受賞しています。

【プログラム A.10】を用いて有限等差素数列をいくつか求めてみました。ここでは「エラトステネスの篩」（すでに見つかっている素数の倍数を消していく方法）を用いて素数のデータを保持します。より効率的な素数生成方法は文献[33]で紹介されています。

【出力例 1.12】 有限等差素数列 (1)

```
iba@fs(~/prime)[515]: ./prime_sequence
3 個の素数列 (公差 2 = 2*1)：3 5 7
4 個の素数列 (公差 6 = 6*1)：5 11 17 23
5 個の素数列 (公差 6 = 6*1)：5 11 17 23 29
6 個の素数列 (公差 30 = 30*1)：7 37 67 97 127 157
7 個の素数列 (公差 150 = 30*5)：7 157 307 457 607 757 907
8 個の素数列 (公差 210 = 210*1)：199 409 619 829 1039 1249 1459 1669
9 個の素数列 (公差 210 = 210*1)：199 409 619 829 1039 1249 1459 1669 1879
10 個の素数列 (公差 210 = 210*1)：199 409 619 829 1039 1249 1459 1669
    1879 2089
11 項個の素数列 (公差 2310 = 210*11)：60858179 60860489 60862799 60865109
    60867419 60869729 60872039 60874349 60876659 60878969 60881279
12 個の素数列 (公差 11550 = 2310*5)：166601 178151 189701 201251 212801
    224351 235901 247451 259001 270551 282101 293651
13 個の素数列 (公差 30030 = 2310*13)：14933623 14963653 14993683
    15023713 15053743 15083773 15113803 15143833 15173863 15203893
    15233923 15263953 15293983
```

---

k 項からなる有限等差素数列の公差 d については下限が分かっています。つまり，公差は最小でも k までの素数の積となります。実際の公差はその積の倍数です。例えば，$k = 7$ のとき公差 d は 2 から 6 までの素数の積 30 の倍数，$k = 25$ のとき公差 d は 2 から 23 までの素数の積 223 092 870 の倍数となります。そのため【プログラム A.10】では，見つかった数列の公差を素数積の倍数で表示しています。

なお，9 個の素数列を用いると，**表 1.1** のような素数魔方陣を作ることができます[16]。この場合の定和（縦，横，斜めの要素の和）は 3 117 となっています。

22   1. 数で遊ぼう

表 1.1　素数魔方陣（3 × 3）

1669	199	1249
619	1039	1459
829	1879	409

このタイプの魔方陣でこれよりも小さな定和のものはありえないことが分かっています。同様にして 4 × 4 の素数魔方陣も作ることもできます。ただし実行時間が長くなるので，数列の初項に制約を加えて，例えば，第 2 000 000 番目の素数から始めてみます。このとき出力例 1.13 の数列が見つかりました。そこで素数魔方陣は**表 1.2** のようになります。定和は 504 182 416 となっています。

表 1.2　素数魔方陣（4 × 4）

53 297 929	189 093 589	179 393 899	82 396 999
159 994 519	101 796 379	111 496 069	130 895 449
121 195 759	140 595 139	150 294 829	92 096 689
169 694 209	72 697 309	62 997 619	198 793 279

【出力例 1.13】　有限等差素数列 (2)
```
iba@fs(~/prime)[515]: ./prime_sequence
16 個の素数数列（公差 30030*323）:     53297929 + 30030*323*n (n=0,..,15)
53297929  62997619  72697309  82396999  92096689  101796379  111496069
    121195759  130895449  140595139  150294829  159994519  169694209
    179393899  189093589  198793279
```

1.4　繰返しを極めよう

ある数を選んで，各桁の平方総和を求めます。例えば

$$86 \Longrightarrow 8^2 + 6^2 = 100$$
$$182 \Longrightarrow 1^2 + 8^2 + 2^2 = 69$$

となります。その数に対して再び各桁の平方総和を求める操作を繰り返します。すると驚くべきことに，いつでも最後は 1 または 89 になります[51]。【プログラ

1.4 繰返しを極めよう 23

ム A.11】で実験してみましょう。ランダムな数に対して実行してみるとたしか
に成立します。

【出力例 1.14】 89 ループ

```
iba@fs(~/loop)[515]: ./89loop
482367746 -> 279 -> 134 -> 26 -> 40 -> 16 -> 37 -> 58 -> 89 -> OK
1493854789 -> 406 -> 52 -> 29 -> 85 -> 89 -> OK
1619737891 -> 372 -> 62 -> 40 -> 16 -> 37 -> 58 -> 89 -> OK
1185418953 -> 287 -> 117 -> 51 -> 26 -> 40 -> 16 -> 37 -> 58
           -> 89 -> OK
383782547 -> 289 -> 149 -> 98 -> 145 -> 42 -> 20 -> 4 -> 16 -> 37
           -> 58 -> 89 -> OK
1528902366 -> 260 -> 40 -> 16 -> 37 -> 58 -> 89 -> OK
1401285273 -> 173 -> 59 -> 106 -> 37 -> 58 -> 89 -> OK
1856416382 -> 256 -> 65 -> 61 -> 37 -> 58 -> 89 -> OK
948655529 -> 357 -> 83 -> 73 -> 58 -> 89 -> OK
2075169971 -> 327 -> 62 -> 40 -> 16 -> 37 -> 58 -> 89 -> OK
776559103 -> 275 -> 78 -> 113 -> 11 -> 2 -> 4 -> 16 -> 37 -> 58
           -> 89 -> OK
1753390058 -> 263 -> 49 -> 97 -> 130 -> 10 -> 1 -> OK
77107280 -> 216 -> 41 -> 17 -> 50 -> 25 -> 29 -> 85 -> 89 -> OK
1432023869 -> 224 -> 24 -> 20 -> 4 -> 16 -> 37 -> 58 -> 89 -> OK
1798624807 -> 364 -> 61 -> 37 -> 58 -> 89 -> OK
```

次にまた自然数を選んで，各桁の階乗の和を求めます。例えば

$$56 \Longrightarrow 5! + 6! = 120 + 720 = 840$$

$$145 \Longrightarrow 1! + 4! + 5! = 1 + 24 + 120 = 145$$

となります。その数に対して再び各桁の階乗和を求めるという，操作を繰り返
します。このとき 145 のように，ある数では何回かの繰返しでもとの数に一致
します[51]。【プログラム A.12】で実験してみましょう。

【出力例 1.15】 階乗ループ

```
iba@fs(~/loop)[515]: ./factorialloop
1 --> 1 loop          2 --> 1 loop          145 --> 1 loop
```

24 　　1. 数 で 遊 ぼ う

```
169 --> 3 loops      871 --> 2 loops      872 --> 2 loops
1454 --> 3 loops     40585 --> 1 loop     45361 --> 2 loops
45362 --> 2 loops    363601 --> 3 loops
```

　実験してみると，階乗和の繰返しが一致する数は 10^7 までの範囲では 13 個見つかっています。例えば 169 では

$$169 \Longrightarrow 1! + 6! + 9! = 1 + 720 + 51\,840 = 363\,601$$

$$363\,601 \Longrightarrow 3! + 6! + 3! + 6! + 0! + 1!$$

$$= 6 + 720 + 6 + 720 + 1 + 1 = 1\,454$$

$$1\,454 \Longrightarrow 1! + 4! + 5! + 4! = 1 + 24 + 120 + 24 = 169$$

となって 3 巡目でもとの数に戻ります。

　別のループを考えてみましょう。自然数の約数を 1 とその数自身を含めて書き上げます。そして約数すべての各桁の数字を足し合わせます。例えば，6 の約数は 1, 2, 3, 6 なので和は 12，12 の約数は 1, 2, 3, 4, 6, 12 なので和は 19 です。こうして得られる数に対して上の操作を繰り返します。すると不思議なことに必ず 15 になります[49]。【プログラム A.13】で実験してみました。たしかに 15 に収束しています。

💻【出力例 1.16】　約数ループ

```
iba@fs(~/loop)[515]: ./divideloop
977 -> 24 -> 33 -> 12 -> 19 -> 11 -> 3 -> 4 -> 7 -> 8 -> 15
393 -> 24 -> 33 -> 12 -> 19 -> 11 -> 3 -> 4 -> 7 -> 8 -> 15
484 -> 49 -> 21 -> 14 -> 15
656 -> 78 -> 51 -> 18 -> 30 -> 27 -> 22 -> 9 -> 13 -> 5 -> 6 -> 12
   -> 19 -> 11 -> 3 -> 4 -> 7 -> 8 -> 15
925 -> 53 -> 9 -> 13 -> 5 -> 6 -> 12 -> 19 -> 11 -> 3 -> 4 -> 7
   -> 8 -> 15
668 -> 51 -> 18 -> 30 -> 27 -> 22 -> 9 -> 13 -> 5 -> 6 -> 12 -> 19
   -> 11 -> 3 -> 4 -> 7 -> 8 -> 15
313 -> 8 -> 15
245 -> 45 -> 33 -> 12 -> 19 -> 11 -> 3 -> 4 -> 7 -> 8 -> 15
```

```
207 -> 42 -> 33 -> 12 -> 19 -> 11 -> 3 -> 4 -> 7 -> 8 -> 15
827 -> 18 -> 30 -> 27 -> 22 -> 9 -> 13 -> 5 -> 6 -> 12 -> 19 -> 11
    -> 3 -> 4 -> 7 -> 8 -> 15
237 -> 32 -> 27 -> 22 -> 9 -> 13 -> 5 -> 6 -> 12 -> 19 -> 11 -> 3
    -> 4 -> 7 -> 8 -> 15
921 -> 26 -> 15
```

🖉【練習問題 1.4 ★】 | 99 ループ

n 桁の自然数を選びます。このとき選んだ数の数字を反転させ，二つの数の差を取ります。これを繰り返すとどうなるでしょうか？　例えば，825 を選ぶと，$825 - 258 = 297$, $792 - 297 = 495$, $594 - 495 = 99$, $990 - 099 = 891$, $\cdots$ となります。最初の桁数の違いで，どのような数に落ち着くのかが異なります[51),59)]。実験して確かめてみましょう。

1.5　未解決問題の予想に挑戦しよう

完全数は，その数自身を除く約数の和がその数自身と等しい自然数です。例えば

$$6 \quad = 1 + 2 + 3$$
$$28 \quad = 1 + 2 + 4 + 7 + 14$$
$$496 = 1 + 2 + 4 + 8 + 16 + 31 + 62 + 124 + 248$$

は完全数です。よく知られているように，メルセンヌ数 2^{N-1} が素数であるような正の整数 N に対して，$2^{N-1} \times (2^N - 1)$ は完全数です。偶数の完全数はすべてこの形式になることをオイラーが証明しています。一方，奇数の完全数が存在するかどうかは分かっていません。

完全数に対して，多完全数という数も定義されています[28)]。k 完全数とは，自分自身を含めた約数の和が自身の k 倍となる数のことです。通常の完全数は $k = 2$ となります。例えば，120 は 3 完全数です。通常の完全数と同じように，

奇数の多完全数があるかどうかは知られていませんが，あるとすれば51桁以上の数らしいです。【プログラム A.14】で3完全数と4完全数をいくつか求めてみましょう。

【出力例 1.17】 多完全数

```
iba@fs(~/perfect)[515]: ./kperfect
120 は 3 完全数      672 は 3 完全数      30240 は 4 完全数
32760 は 4 完全数    523776 は 3 完全数   2178540 は 4 完全数
```

これらの数のほとんどは 17 世紀にフェルマーやデカルト[†]が発見しています[28]。しかし多完全数は極端に大きくなり，発見が今世紀になってからのものもあります。例えば，7 完全数で最初に見つかったのは

$$2^{46} \times (2^{47} - 1) \times 19^2 \times 127 \times C$$

です。ただし

$$C = 3^{15} \times 5^2 \times 7^5 \times 11 \times 13 \times 17 \times 23 \times 31 \times 37 \times 41 \times 43$$
$$\times 61 \times 89 \times 97 \times 193 \times 442\,151$$

となります。

ここで過剰数（不足数）を，自分自身を除く約数の和が大きい（小さい）数として定義します。例えば，12 の約数の合計は，$16(=1+2+3+4+6)$ なので，12 は過剰数です。過剰数のほとんどは偶数であり，奇数はすべて不足数であると予想されています[14]。実際，10 000 以下の奇数の過剰数は 23 個（最小のものは 945）しかないことが分かります（【プログラム A.15】）。

【出力例 1.18】 過剰数

```
iba@fs(~/perfect)[515]: ./abundant_number
945  1575 2205 2835 3465 4095 4725 5355 5775
5985 6435 6615 6825 7245 7425 7875 8085 8415
8505 8925 9135 9555 9765
```

---

† フランスの哲学者・数学者，ルネ・デカルト (René Descartes (1596–1650))。デカルト座標，神の存在証明，「我思う，ゆえに我あり」の言葉などで知られる。

過剰数の倍数もすべて過剰数です。そのため過剰数は限りなく存在します。自然数のうち約 24.8% が過剰数であるとされています[14]。

ある自然数に対して，自分自身を含む約数の和をもとの自然数で割った値を考えます。例えば，12 に対しては $28/12 = 7/3$ となります。1 から始まる自然数で順にこの値を求めて，それが大きく更新した数を超過剰数と呼びます。例えば，**表 1.3** のような数が超過剰数です[14]。

表 1.3　超過剰数

自然数	1	2	4	6	12	24	36	48	60	120	180
割 合	1	3/2	7/4	2	7/3	5/2	91/36	31/12	14/5	3	91/30

【プログラム A.16】で実験すると，以下のように 10^7 以下の超過剰数を求められます。

💻【出力例 1.19】　超過剰数

```
iba@fs(~/perfect)[515]: ./super
10^7 以下の超過剰数は以下です.
1 (1)-> 2 (3/2)-> 4 (7/4)-> 6 (2)-> 12 (7/3)-> 24 (5/2)
-> 36 (91/36)-> 48 (31/12)-> 60 (14/5)-> 120 (3)-> 180 (91/30)
-> 240 (31/10)-> 360 (13/4)-> 720 (403/120)-> 840 (24/7)
-> 1260 (52/15)-> 1680 (124/35)-> 2520 (26/7)-> 5040 (403/105)
-> 10080 (39/10)-> 15120 (248/63)-> 25200 (12493/3150)
-> 27720 (312/77)-> 55440 (1612/385)-> 110880 (234/55)
-> 166320 (992/231)-> 277200 (24986/5775)-> 332640 (48/11)
-> 554400 (1209/275)-> 665280 (1016/231)->720720 (248/55)
-> 1441440 (252/55)-> 2162160 (1984/429)-> 3603600 (3844/825)
-> 4324320 (672/143)-> 7207200 (1302/275)-> 8648640 (2032/429)
```

---

20 161 より大きな自然数は，二つの過剰数の和として表されることが知られています。このことを【プログラム A.17】で実験すると，以下のようにランダムな数でそのようになっていることが分かります。ここで 10 000 以下の奇数としては，【プログラム A.15】で得られた過剰数が的確に使われていることに注意してください。

28   1. 数 で 遊 ぼ う

【出力例 1.20】 二つの過剰数の和

```
iba@fs(~/perfect)[515]: ./sumab
114611 = 15015 + 99596     20770 = 30 + 20740    48566 = 20 + 48546
82176 = 12 + 82164   36143 = 1988 + 34155    109154 = 9170 + 99984
45590 = 20 + 45570   98198 = 18 + 98180      32243 = 1575 + 30668
70610 = 20 + 70590   112804 = 12816 + 99988  111785 = 12285 + 99500
36894 = 12 + 36882   109895 = 10395 + 99500     58134 = 12 + 58122
21430 = 30 + 21400   82275 = 60 + 82215         77012 = 12 + 77000
120077 = 22365 + 97712   109478 = 9498 + 99980   34591 = 6615 + 27976
54646 = 18 + 54628      61609 = 2704 + 58905   116093 = 22365 + 93728
45444 = 12 + 45432      23167 = 2835 + 20332   119024 = 19040 + 99984
58051 = 1456 + 56595    92245 = 580 + 91665       45009 = 384 + 44625
```

次に，二つの自然数を考えます。これらがたがいに相手の（それ自身を除く）約数の和と等しいときには，それぞれは友愛数と呼ばれています。例えば，220 と 284 は次のように友愛数となっています。

$$284 = 1 + 2 + 4 + 5 + 10 + 11 + 20 + 22 + 44 + 55 + 110$$

$$220 = 1 + 2 + 4 + 71 + 142$$

【プログラム A.18】で実験してみましょう。現在では以下のように多くの友愛数が知られています。

【出力例 1.21】 友愛数 (1)

```
iba@fs(~/perfect)[515]: ./amicable
(220,284) (1184,1210) (2620,2924) (5020,5564) (6232,6368)
(10744,10856) (12285,14595) (17296,18416) (63020,76084)
(66928,66992) (67095,71145) (69615,87633)
・・・
(9071685,9498555) (9199496,9592504) (9206925,10791795)
(9339704,9892936) (9363584,9437056) (9478910,11049730)
(9491625,10950615) (9660950,10025290)
```

これから分かるように，10 000 以下では 5 個の組が友愛数です。デカルトは (9363584,9437056) を発見したとされています。多くの友愛数は偶数ですが，

奇数の友愛数も知られています。(69615, 87633) などの例を最初に発見したのはオイラーです。一方，3 で割り切れない友愛数は長い間見つかっていませんでしたが，1988 年に以下の対が見つかりました[28]。

$$5^4 \times 7^3 \times 11^3 \times 13^2 \times 17^2 \times 19 \times 61^2 \times 97 \times 307 \times 140\,453 \times 85\,857\,199,$$

$$5^4 \times 7^3 \times 11^3 \times 13^2 \times 17^2 \times 19 \times 61^2 \times 97 \times 307 \times 56\,099 \times 214\,955\,207$$

6 以上の完全数はすべて 1 から連続する奇数の 3 乗の和となります[51]。【プログラム A.19】で実験してみましょう。以下のようにたしかに 3 乗の和となっています。

【出力例 1.22】 友愛数 (2)
```
iba@fs(~/perfect)[515]: ./amicable
完全数 6 = NG
完全数 28 = 1^3 + 3^3
完全数 496 = 1^3 + 3^3 + 5^3 + 7^3
完全数 8128 = 1^3 + 3^3 + 5^3 + 7^3 + 9^3 + 11^3 + 13^3 + 15^3
完全数 33550336 = 1^3 + 3^3 + 5^3 + 7^3 + 9^3 + 11^3 + 13^3 + 15^3
   + 17^3 + 19^3 + 21^3 + 23^3 + 25^3 + 27^3 + 29^3 + 31^3 + 33^3
   + 35^3 + 37^3 + 39^3 + 41^3 + 43^3 + 45^3 + 47^3 + 49^3 + 51^3
   + 53^3 + 55^3 + 57^3 + 59^3 + 61^3 + 63^3 + 65^3 + 67^3 + 69^3
   + 71^3 + 73^3 + 75^3 + 77^3 + 79^3 + 81^3 + 83^3 + 85^3 + 87^3
   + 89^3 + 91^3 + 93^3 + 95^3 + 97^3 + 99^3 + 101^3 + 103^3
   + 105^3 + 107^3 + 109^3 + 111^3 + 113^3 + 115^3 + 117^3 + 119^3
   + 121^3 + 123^3 + 125^3 + 127^3
完全数 8589869056 = 1^3 + 3^3 + 5^3 + 7^3 + 9^3 + 11^3 + 13^3 + 15^3
   + 17^3 + 19^3 + 21^3 + 23^3 + 25^3 + 27^3 + 29^3 + 31^3 + 33^3 +
   ...
   + 497^3 + 499^3 + 501^3 + 503^3 + 505^3 + 507^3 + 509^3 + 511^3
```

1.6 整数になる不思議

$e^{\pi\sqrt{163}}$ は 262 537 412 640 768 744 という整数だという仮説があります (e は自然対数の底，$2.718\cdots$)。そんなことはありえない，と思われるかもしれません。

30   1. 数 で 遊 ぼ う

実際に 25 桁まで計算してみると, $262\,537\,412\,640\,768\,744.999\,999\,9$ という驚く べき数値が得られます。しかし, もっと根気強くさらに数桁先まで計算すると, ついに $262\,537\,412\,640\,768\,744.999\,999\,999\,999\,250$ という数値となります[48]。 残念でしたが, 予想ははずれました。

Almost Integer （ほとんど整数）というホームページ[†1]を見てみましょう。 これは計算結果が近似的に整数になるような面白い数を集めたページです。例 えば

$$22\pi^4 = 2\,143.000\,002\,7\cdots$$

$$\frac{163}{\log 163} = 31.999\,998\,7\cdots$$

$$\sin(11) = -0.999\,902\,06\cdots$$

などがあります。最初の式は天才数学者ラマヌジャン[†2]が見つけたとされてい ます。このような面白い数を探索してみましょう。プログラムを作成するには, 任意の長さの数式を的確に表現する必要があります。このためには

- 木構造
- 逆ポーランド記法

による表現が考えられます。これらの詳細は文献[7]を参照してください。

例えば, $n\times(\sin(n)-\cos(n))$, $\log(n)\times(\sin(n)+\cos(n))$, $\log(n)\times(\sin(n)+\cos(n))$ の 30 万通りの計算をして

$$\log(4\,428)\times(\sin(4\,428)+\cos(4\,428)) = -8.999\,990\,58$$

$$20\,172\times(\sin(20\,172)-\cos(20\,172)) = 23\,234.999\,996\,57$$

[†1] http://mathworld.wolfram.com/AlmostInteger.html （2016 年 3 月現在）

[†2] インドの数学者, シュリニヴァーサ・ラマヌジャン（Srinivasa Aiyangar Ramanujan (1887–1920)）。独学で数学の研究を行っていたが, その天才的な才能をハーディによ り見出された。「証明」の概念を持っていなかったとされ, 夢で見た公式をノートに書き 留めていた。ハーディがラマヌジャンの見舞いに乗ってきたタクシーのナンバー 1729 が, 二つの数の立方（3 乗）の和として表す表し方が 2 通りある最小の数であることを 一瞬で言い当てた逸話が有名である。この数はハーディ・ラマヌジャン数と呼ばれる。 詳細は文献[7]を参照。

$$28\,614 \times (\sin(28\,614) - \cos(28\,614)) = -16\,177.999\,992\,10$$

$$\log(41\,198) \times (\sin(41\,198) - \cos(41\,198)) = -14.999\,997\,80$$

$$\log(48\,033) \times (\sin(48\,033) - \cos(48\,033)) = -5.999\,994\,19$$

$$90\,521 \times (\sin(90\,521) - \cos(90\,521)) = -127\,742.999\,998\,99$$

の 6 個を見つけられます。ただし，これはあまり効率的な探索ではありません。

探索にはランダムに生成した式を利用するのがよいでしょう。望ましい式を求めるためには「面白さ」の基準が必要です。当然ながら整数，小数や分数の単なる組合せでは面白くありません。超越関数や e, π などの数学定数（無理数）を駆使するような式を選択的に生成する探索法が必要となります。関連する研究として，人工知能の古典的なシステム AM（automated mathematician）があります。AM では，「面白さ」が実行するタスクの優先度の尺度として用いられ，数学的な知識発見に成功しています[81]。このシステムでは理論形成の重要な手法として，論理式の一般化，並べ換え，突然変異などを行います。その結果，新しくて「面白い」数学的な概念を生成することを試みます。この方法は山登り法[†]や遺伝的アルゴリズム（5.8 節および 6 章を参照）による知識発見につながるものです。

例えば，山登り法を利用して探索すると

$$\frac{147\pi^2}{121} + \frac{72\pi^2 e^2}{181} = 41.000\,005$$

$$\frac{253}{113\pi^2} + \frac{183e^2}{177\pi^2} = 1.000\,002$$

$$\frac{224}{11e^2} + \frac{178}{10\pi^2 e^2} = 2.999\,998$$

$$\pi^2 \times \left(e^4 + \frac{\phi^6}{8}\right) = 561.000\,000$$

$$\pi^5 - \frac{e^5 - \phi^3}{9} = 290.000\,006$$

[†] 目的関数の極値を探索する探索アルゴリズム。自分の周りを見回して一番上り勾配の大きいところへ一歩進む。このことを周りに上り勾配がなくなるまで繰り返す。もし周りに上り勾配がないならば探索を終了する。

32   1. 数 で 遊 ぼ う

$$85 \times \tan^{-1}(56) = 131.999\,992$$

$$\exp(9) + \sqrt{35} = 8\,109.000\,007$$

$$3^{31 \times e/\tan^2(2\,012)} = 11\,127.999\,992\,85$$

$$2\,012^{91 \times (1/\log(2\,011)^2)} = 156\,818.999\,990\,54$$

のような式を得ることができました。ただし ϕ は黄金比 $(1 + \sqrt{5})/2$ です。

ほとんど整数（almost integer）の的確な探索のためには，「面白さ」と「整数らしさ」の二つの目的値を最適化するという，多目的最適化を行う必要があります。多目的最適化については文献[8]を参照してください。

1.7　三角形を考える

面積と辺の長さがすべて整数である三角形をヘロンの三角形と呼びます[2),54)]。このような三角形はたくさんありますが，そのうちで3辺の長さが相続く整数値であるものを求めてみましょう（【プログラム A.20】）。ここでは面積をヘロンの公式†で計算します。

【出力例 1.23】　ヘロンの三角形

```
iba@fs(~/triangle)[515]: ./heron
S(    3,     4,     5) = 6
S(   13,    14,    15) = 84
S(   51,    52,    53) = 1170
S(  193,   194,   195) = 16296
S(  723,   724,   725) = 226974
S( 2701,  2702,  2703) = 3161340
S(10083, 10084, 10085) = 44031786
S(37633, 37634, 37635) = 613283664
```

三つの辺が整数である直角三角形はピタゴラス三角形と呼ばれ精力的に研究されています。それに対して，三辺の長さが整数 a, b, c であり，二辺 a, b のあいだ

---
† 　三辺が a, b, c の三角形の面積は $\sqrt{(a+b+c) \cdot (b+c-a) \cdot (a-b+c) \cdot (a+b-c)}/4$ となる。

1.7 三角形を考える **33**

の角が 120 度である鈍角三角形をアイゼンシュタイン三角形と呼びます[2],[54]。
この三角形は余弦定理から $a^2 + ab + b^2 = c^2$ を満たします。アイゼンシュタイン三角形を【プログラム A.21】で実験してみると，最小のものは $(3,5,7)$ であることが分かります。ここでは 3 辺がたがいに素なものを表示しています。

💻 **【出力例 1.24】 アイゼンシュタインの三角形**

```
iba@fs(~/triangle)[515]: ./eisenstein
(3, 5, 7)     (7, 8, 13)    (5, 16, 19)
(11, 24, 31) (7, 33, 37)  (13, 35, 43)
(16, 39, 49) (9, 56, 61)  (32, 45, 67)
(17, 63, 73) (40, 51, 79) (19, 80, 91)
(11, 85, 91) (55, 57, 97)
```

なお，アイゼンシュタインの三角形では，以下の定理が知られています。

📖 定理 1.4 **アイゼンシュタインの三角形** 3 辺 (a,b,c) がたがいに素なアイゼンシュタインの三角形の各辺は二つの整数 m,n $(m>n)$ を使って次のように表される。ただし m と n はたがいに素であり，かつ $m-n$ は 3 の倍数ではない。

$$a = m^2 - n^2$$
$$b = n \times (2m + n)$$
$$c = m^2 + mn + n^2$$

実際，上で得られた 100 以下のアイゼンシュタインの三角形については，例えば

$$m = 2, n = 1 \implies (3, 5, 7)$$
$$m = 3, n = 2 \implies (5, 16, 19)$$
$$m = 5, n = 4 \implies (9, 56, 61)$$

のように m,n 値が求められます。

34   1. 数 で 遊 ぼ う

✏️【練習問題 1.5 ★】   ルイス・キャロルの最後の問題

　各辺の長さを整数で表せる，面積がたがいに等しい三つの直角三角形を見つけてください。この問題は，『不思議の国のアリス』で有名なルイス・キャロル（Lewis Carroll）の最後の数学作品と言われています[12]。残念ながら，彼は面積がたがいに等しい（整数の辺からなる）直角三角形を二つまで見つけましたが，三つは見つけられなかったと日記に書いています。同じような問題として，面積と 3 辺の和が等しいピタゴラス三角形（各辺が整数の直角三角形）は唯一存在することが分かっています[59]。これを見つけてください。

三角数とは

$$1$$
$$1 + 2 = 3$$
$$1 + 2 + 3 = 6$$
$$1 + 2 + 3 + 4 = 10$$
$$1 + 2 + 3 + 4 + 5 = 15$$
$$1 + 2 + 3 + 4 + 5 + 6 = 21$$
$$1 + 2 + 3 + 4 + 5 + 6 + 7 = 28$$
$$\cdots$$

と続く $1, 3, 6, 10, \cdots$ の整数列のことです。つまり，三角形の形に点を並べたときにそこに並ぶ点の総数です（**図 1.1**）。i 番目の三角数は $i \cdot (i+1)/2$ となります。

　三角数には興味深い性質があります[51]。そのいくつかをプログラムで検証してみましょう。

> **性質 1 :** $9^0 + 9^1 + 9^3 + \cdots$ は三角数である。

【プログラム A.22】で実験してみると，たしかに三角数であることが分かります。順に，1, 4, 13, 40 番目の三角数であることを表示しています。

1.7 三角形を考える

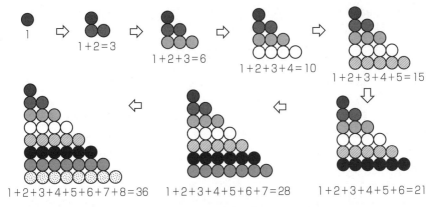

図 1.1 三 角 数

【出力例 1.25】 三角数の性質 (1)

```
iba@fs(~/triangle)[515]: ./triangle1
1=1 は三角数である --> (1*(1+1)/2)
1+9=10 は三角数である --> (4*(4+1)/2)
1+9+81=91 は三角数である --> (13*(13+1)/2)
1+9+81+729=820 は三角数である --> (40*(40+1)/2)
1+9+81+729+6561=7381 は三角数である --> (121*(121+1)/2)
1+9+81+729+6561+59049=66430 は三角数である --> (364*(364+1)/2)
1+9+81+729+6561+59049+531441=597871 は三角数である
            --> (1093*(1093+1)/2)
1+9+81+729+6561+59049+531441+4782969=5380840 は三角数である
            --> (3280*(3280+1)/2)
1+9+81+729+6561+59049+531441+4782969+43046721=48427561 は三角数である
            --> (9841*(9841+1)/2)
1+9+81+729+6561+59049+531441+4782969+43046721+387420489=435848050
は三角数である    --> (29524*(29524+1)/2)
```

性質 2：2 以上の自然数の 4 乗は二つの三角数の和となる。

【プログラム A.23】でランダムに生成した自然数の 4 乗を二つの三角数の和として求めてみました。

36　　1. 数 で 遊 ぼ う

【出力例 1.26】 三角数の性質 (2)

```
iba@fs(~/triangle)[515]: ./triangle2
    自然数の 4 乗                    二つの三角数の和
352^4 = 15352201216      (175108*(175108+1)/2)+(6435*(6435+1)/2)
531^4 = 79502005521      (398634*(398634+1)/2)+(9723*(9723+1)/2)
821^4 = 454331269681     (952954*(952954+1)/2)+(23243*(23243+1)/2)
332^4 = 12149330176      (155629*(155629+1)/2)+(8838*(8838+1)/2)
949^4 = 811082161201     (1273295*(1273295+1)/2)+(29713*(29713+1)/2)
370^4 = 18741610000      (164934*(164934+1)/2)+(101389*(101389+1)/2)
699^4 = 238730937201     (684180*(684180+1)/2)+(96741*(96741+1)/2)
352^4 = 15352201216      (175108*(175108+1)/2)+(6435*(6435+1)/2)
401^4 = 25856961601      (227131*(227131+1)/2)+(11189*(11189+1)/2)
138^4 = 362673936        (26688*(26688+1)/2)+(3615*(3615+1)/2)
46^4 = 4477456           (2987*(2987+1)/2)+(172*(172+1)/2)
708^4 = 251265597696     (701910*(701910+1)/2)+(99261*(99261+1)/2)
228^4 = 2702336256       (73511*(73511+1)/2)+(855*(855+1)/2)
46^4 = 4477456           (2987*(2987+1)/2)+(172*(172+1)/2)
```

> **性質 3**：完全数は三角数である。

【プログラム A.24】 で実験してみると，完全数が三角数であることが分かります。完全数はメルセンヌ素数をもとに生成しています。

【出力例 1.27】 三角数の性質 (3)

```
iba@fs(~/triangle)[515]: ./triangle3
完全数 6(=2^(2-1)*(2^2-1)) は三角数 (3*(3+1)/2)
完全数 28(=2^(3-1)*(2^3-1)) は三角数 (7*(7+1)/2)
完全数 496(=2^(5-1)*(2^5-1)) は三角数 (31*(31+1)/2)
完全数 8128(=2^(7-1)*(2^7-1)) は三角数 (127*(127+1)/2)
完全数 33550336(=2^(13-1)*(2^13-1)) は三角数 (8191*(8191+1)/2)
完全数 8589869056(=2^(17-1)*(2^17-1)) は三角数 (131071*(131071+1)/2)
完全数 137438691328(=2^(19-1)*(2^19-1)) は
      三角数 (524287*(524287+1)/2)
完全数 2305843008139952128(=2^(31-1)*(2^31-1)) は
      三角数 (2147483647*(2147483647+1)/2)
```

性質 4：すべての自然数はたかだか三つの三角数の和に書ける。

例えば，$23 = 10 + 10 + 3$ となります。【プログラム A.25】でランダムに生成した自然数に対して実行した結果を以下に示します。

【出力例 1.28】 三角数の性質 (4)

```
iba@fs(~/triangle)[515]: ./triangle3
411904 = (476*(476+1)/2) +   (772*(772+1)/2)
607608 = (6*(6+1)/2) +   (581*(581+1)/2) +   (936*(936+1)/2)
44270 = (5*(5+1)/2) +   (169*(169+1)/2) +   (244*(244+1)/2)
25682 = (2*(2+1)/2) +   (37*(37+1)/2) +   (223*(223+1)/2)
871702 = (9*(9+1)/2) +   (508*(508+1)/2) +   (1218*(1218+1)/2)
324392 = (2*(2+1)/2) +   (247*(247+1)/2) +   (766*(766+1)/2)
503587 = (1*(1+1)/2) +   (695*(695+1)/2) +   (723*(723+1)/2)
138158 = (7*(7+1)/2) +   (329*(329+1)/2) +   (409*(409+1)/2)
289284 = (2*(2+1)/2) +   (422*(422+1)/2) +   (632*(632+1)/2)
435098 = (4*(4+1)/2) +   (592*(592+1)/2) +   (720*(720+1)/2)
240981 = (405*(405+1)/2) +   (563*(563+1)/2)
464434 = (3*(3+1)/2) +   (324*(324+1)/2) +   (907*(907+1)/2)
108928 = (274*(274+1)/2) +   (377*(377+1)/2)
464291 = (1*(1+1)/2) +   (250*(250+1)/2) +   (930*(930+1)/2)
962853 = (737*(737+1)/2) +   (1175*(1175+1)/2)
692761 = (794*(794+1)/2) +   (868*(868+1)/2)
31983 = (167*(167+1)/2) +   (189*(189+1)/2)
216886 = (451*(451+1)/2) +   (479*(479+1)/2)
891699 = (893*(893+1)/2) +   (992*(992+1)/2)
986035 = (799*(799+1)/2) +   (1154*(1154+1)/2)
```

【練習問題 1.6 ★】　回文的な三角数

　三角数で回文的な数字を探してみましょう。例えば，$1, 3, 6, 55, 66, 171, 595, \cdots$ などがあります。10^{10} 以下ではこのような数はわずか 28 個しかないことが分かっています[51]）。

【練習問題 1.7 ★】　デュードニーの問題

以下はデュードニー[†]の問題と呼ばれているパズルです。

1. $1, 2, \cdots, 9$ の文字を二つに分けて 3 桁 × 2 桁の掛け算を二つ作り，これが等しくなるようにします。例えば，$158 \times 23 = 79 \times 46$。できるだけ大きな数を作るようにしてください[17]。この問題は 1917 年に発表され，長い間 $584 \times 12 = 73 \times 96 = 7\,008$ が最大値と考えられていました。ところが 1971 年になって日本人が記録を更新したとされています。この解を見つけることができるでしょうか？

2. 123456789 という数の列が与えられたとします。それらの間に計算記号を何個か入れて式の計算結果を 100 にすることを考えましょう。例えば

$$1 + 2 + 3 - 4 + 5 + 6 + 78 + 9 = 100$$

$$123 - 45 - 67 + 89 = 100$$

$$(12 \div 3 \times 4 + 5 + 6) \times 7 - 89 = 100$$

などがあります。この問題は小町算として日本でも古来から知られています[7]。デュードニーは，記号の数と画数を最小にする式を求めるように問題をより難しくしました[30]。ただし画数としては，「−」は 1 画，「+」と「×」は 2 画，「÷」は 3 画です。括弧は「(」と「)」の 1 組で一つの記号であり，2 画とします。上式のあとの括弧内の数は，記号の数と画数を示します。

3. 数の立方根がもとの数をなす数字の和と等しいものを求めてください。例えば

$$512 = 8 \times 8 \times 8$$

$$8 = 5 + 1 + 2$$

があります。このような数はデュードニー数と呼ばれています。この数は六つしかないとされていて，整数論に関連しています[50]。

4. $61 \times a \times a + 1$ が平方数（整数を 2 乗した数）となるような，整数 a を求めてください。この問題はフェルマーやオイラーが研究したペル方程式と連分数に関連しています。$a \times a$ の係数を別の整数にすると簡単に解けるものもありますが，61 の場合には極端に難しくなります[29]。

[†] イギリスの数学者，ヘンリー・デュードニー（Henry Ernest Dudeney（1857–1930））。数多くの数理パズルを作成したことで知られている。

2 確率の不思議を見てみよう

四人は腰を下ろして昼食をとり，話はもっと現世的なことに転じた。すると，まだ他のことを話しているさなか，だしぬけにフェルミが聞いた。「みんなどこにいるんだろうね」。[13]

2.1 パスカルの問題：確率論の誕生

Uiz ギャンブラーの問い

二人のプレイヤーが公平なコインを 5 回投げ続けて，裏か表のどちらが出るかに賭ける。5 回のうち多く当たったほうが賭け金を総取りする賭けをしたとしよう。ところが勝敗が決まる前に，ゲームを中止しなくてはならなくなった。以下の場合に，二人は賞金をどう分けるべきであろうか？

- 状況 1：3 回投げたときに，当たり数が 2 対 1 のとき
- 状況 2：1 回投げたときに，当たり数が 0 対 1 のとき

1654 年に，あるギャンブラーが友人の数学者パスカル†にこの問題の解答を尋ねました（以下は文献[38]を参考にした）。そのときパスカルは自分の解に自信がなかったので，フェルマーに手紙で確かめたそうです。その後に続くいくつかの往復書簡が，確率論の誕生につながったとされています。

この問題をコンピュータ・シミュレーションで解いてみましょう。二人のプレイヤーを A, B とし，A はつねに表に，B はつねに裏に賭けると仮定しましょ

---

† フランスの哲学者・自然科学者・数学者，ブレーズ・パスカル（Blaise Pascal（1623–1662））。「人間は考える葦である」の言葉で有名。

40　　2.　確率の不思議を見てみよう

う。このときのシミュレーションのプログラムを【プログラム A.26】に示します。このプログラムのアルゴリズムは単純です。ランダム関数である rand() 関数を用いて，模擬的にコインを投げます。rand() 関数の返した整数を 2 で割った余りが 0 なら表，1 なら裏と考えます。これを A，B のいずれかが 3 回当たるまで繰り返し，それぞれの当たり数をカウントします。なお，C 言語の rand() 関数では，各数字が正確に同じ確率で現れることはないので，擬似乱数と呼ばれています。多くの擬似乱数の発生関数は，線形合同法を使っています。これは以下の漸化式

$$X[n] = A \times X[n-1] + B \pmod{C} \tag{2.1}$$

に基づいて計算される $X[1], X[2], \cdots$ の数列を用いるものです。$(\mathrm{mod}\ C)$ は C で割った余りを意味し，C としては 4 294 967 296 などの大きな数字を用います。線形合同法はメモリをほとんど必要とせず，非常に単純なのでよく用いられますが，一方で

- 下位ビットの周期性
- 次に出現する数の予測可能性

というような欠点も指摘されています。そのため，より実際的な応用の際には，メルセンヌ・ツイスタ[†]などのより高度な方法を使用することが推奨されています。

このプログラムを実行するとシミュレーション結果は次のようになります。

💻【出力例 2.1】　パスカルの問題

```
iba@fs(~/Pascal)[562]: gcc -o pascal pascal.c -lm
iba@fs(~/Pascal)[558]: pascal
```
状況 1：3 回投げたとき当たりが A(2) 対 B(1) のとき
A の勝率は 0.750159，B の勝率は 0.249841 となる

状況 2：1 回投げたとき当たりが A(0) 対 B(1) のとき
A の勝率は 0.312285，B の勝率は 0.687715 となる

[†]　http://www.math.sci.hiroshima-u.ac.jp/~m-mat/MT/SFMT/index-jp.html（2016 年 3 月現在）

したがって，状況 1 では賞金を A : B = 0.750 159 : 0.249 841 で，状況 2 では賞金を A : B = 0.312 285 : 0.687 715 で分ければよいことが分かります。

では，この問題を数学的に考えてみましょう。状況 1 ではどうなるでしょうか？ 残りの 2 回には，以下の可能性があります。

  表表 表裏 裏表 裏裏

この四つの起こる可能性はどれも同じです。そのうち，最初の「表表」ではAが勝ち，次の二つの「表裏」「裏表」でもAが勝ち，最後の「裏裏」でのみBが勝ちます。したがって，全体としてAが勝つ確率は 3/4，Bが勝つ確率は 1/4 です。したがって，賞金は 3 : 1 でAとBに分けるべきです。

誤った考え方の例として，以下のものを紹介します。

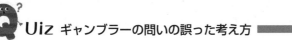

- 4 回目が「表」であればその時点でAの勝ちであり，5 回目はない。
- つまり，ありうる可能性は

  表 裏表 裏裏

であり，そのうち最初の二つでAが勝利する。
- よって，Aが勝つ確率は 2/3 である。

これはどこが間違いでしょうか？

これについてはパスカルとフェルマーも悩んだと言います。問題となるのは

  表 裏表 裏裏

の三つが同じ起こりやすさではないという点です。最初の「表」は，残りの二つの場合よりも 2 倍起こりやすくなります。これを勘案すれば前の議論と同じようになり，Aが勝つ確率は 3/4 になります。

【練習問題 2.1 ★】　パスカルの問題

この問題の変形版として，どちらかが勝つための条件を当たりの回数の差を4回としましょう。このとき，以下の場合について，A,Bそれぞれの勝率を求めてください。

1. Aがこれまでに0回，Bがこれまでに1回当たっているとき
2. Aがこれまでに2回，Bがこれまでに1回当たっているとき
3. Aがこれまでに1回，Bがこれまでに0回当たっているとき

2.2 ランダムな3点が鋭角三角形になる確率は？: 答えが一つとは限らない

Uiz ランダムな三角形

平面上にランダムに取った異なる3点が鈍角三角形を作る確率はいくつになるか？

数年前に筆者はプログラミングの講義で学部学生にこの課題を出しました。簡単な練習問題だと思って甘くみていたのを反省しています。この問題に対して【プログラム A.27】にあるような解答を期待していました。このプログラムでは次のように確率を求めています。

1. 三角形ABCを考える。$A(0,0)$, $B(x,0)$ とする。つまりBはX軸上に固定する。ただし$0 < x$である。
2. $C(c1, c2)$ とする。ただし$c2$は0ではない。
3. 条件1：$c1 < 0, x < c1$ なら鈍角三角形である
4. 条件2：$0 < c1 < x$の場合，$x/2$とCとの距離が$x/2$未満なら鈍角三角形になる。

なお，rand()関数は正の整数しか返しません。そのため$c1, c2$は正のみですが，対称性を考えれば問題ないでしょう。

このプログラムを実行するとシミュレーション結果が次のように得られます。

2.2 ランダムな3点が鋭角三角形になる確率は？：答えが一つとは限らない

【出力例 2.2】 ランダムな三角形 (1)

```
iba@fs(~/tri)[513]: gcc -o tri1 tri1.c -lm
iba@fs(~/tri)[514]: ./tri1
確率は 62.947000%
理論値 63.939586%
```

理論値について説明しましょう。ここではランダムに取った異なる 3 点が鈍角三角形を作る確率を文献[53]) をもとにして求めます (**図 2.1**)。

三つの点が 1 直線上にある確率は実際的に 0 なので，3 点が三角形を作ると仮定してもよいでしょう。最大辺を AB とします。AB を直径として半円 AFB を作ります。AB に関して半円と同じ側に，AB = AC = BC となる点 C を取ります。点 A を中心として描いた弧 BC を D，点 B を中心として描いた弧 AC を E と名付けます。AB が最大辺なので，三角形のもう一つの頂点は，ABDCE で囲まれた部分になければならないことは明らかです。さらに，その頂点が半円の中にあるときにのみ鈍角三角形であることも分かります。半円の上にある確率は実際的には 0 です。したがって求める確率は以下となります。

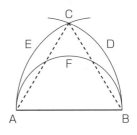

図 2.1 ランダムな三角形

$$\text{求める確率} = \frac{\text{半円の面積}}{\text{ABDCE の面積}}$$

AB = $2a$ としましょう。そのとき，半円の面積は $\pi a^2/2$ です。

$$\text{ABDCE の部分の面積} = 2 \times \text{扇形 ABDC の面積} - \text{三角形 ABC の面積}$$
$$= 2 \cdot \frac{4\pi a^2}{6} - \sqrt{3} \cdot a^2 = a^2 \left(\frac{4\pi}{3} - \sqrt{3} \right)$$

なので，求める確率は以下となります。

$$\frac{\pi/2}{(4\pi/3) - \sqrt{3}} = \frac{3}{8 - (6\sqrt{3}/\pi)} \fallingdotseq 0.639$$

さて講義も終わりレポートの採点をしていたところ，次のように考えてプログラムを作成した学生がいました (**【プログラム A.28】**)。このプログラムでは，

44　　2.　確率の不思議を見てみよう

単位円上にランダムに 3 点 $(x_1, y_1), (x_2, y_2), (x_3, y_3)$ を取り，その三角形の 3
辺の長さを a, b, c とするとします[†]。do〜while 文では，a が最も大きな辺とな
るように a, b, c を交換します。すると，以下の条件で三角形を分類することが
できます。

$$a^2 < b^2 + c^2 のとき \implies 鋭角三角形$$

$$a^2 = b^2 + c^2 のとき \implies 直角三角形$$

$$a^2 > b^2 + c^2 のとき \implies 鈍角三角形$$

このプログラムを実行すると，シミュレーション結果が次のように得られます。

【出力例 2.3】 ランダムな三角形 (2)

```
iba@fs(~/tri)[515]: gcc -o tri2 tri2.c -lm
iba@fs(~/tri)[516]: ./tri2
確率は 75.073000%
```

　ここでは約 75% という値が得られました。この値は先の理論値 63.939 586% と
は違っています。どうしてこのようなことが起こったのでしょうか？

【練習問題 2.2 ★】　ランダムな三角形

この場合の理論値が 75% となることを示してください。

　上の例のように，確率論では複数の答えやパラドクス的な結果が得られるこ
とがあります。これは，定義域をはっきりと言明しない，言い換えると記述が
不完全であることに起因します。有名な例として，ベルトランの逆理と呼ばれ
るものがあります。これは次のような問題です。

[†]　任意の三角形は，その外接円の中心を座標原点として縮小すれば単位円上になることに
注意。

Quiz ベルトランの逆理

円にランダムに弦を引く。そのとき，円に内接する正三角形の一辺の長さよりもその弦の長さが大きくなる確率を求めよ（図 2.2）。

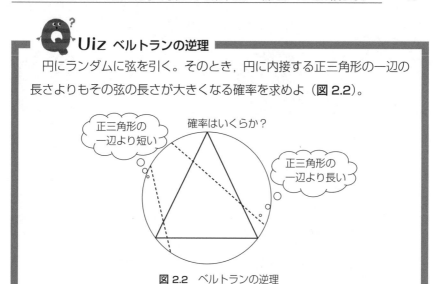

図 2.2 ベルトランの逆理

驚くべきことにこの問題には 3 通りの解答があります[34]。

1. 床の上に等間隔（間隔は円の直径）に平行線を引き詰める。その床に円板を無作為に投げたとき，円板と平行線が交わることで生じた弦の長さ（図 2.3(a)）：確率は 1/2
2. ルーレットの円板の一点 a に印をつけておき，その円板を回転して静止した位置と動く前の位置とを結んで作った弦の長さ（図 (b)）：確率は 1/3
3. 円上に長い針を無作為に投げて，円と交わった部分の弦の長さ（図 (c)）：確率は 1/4

これらの問題で答えが違っているのは，それぞれの考えている確率モデル（確率空間）が異なっているからです。確率空間とは

- 標本空間（可能な結果の集まり）
- 標本空間の部分集合族（事象の族）
- 各事象の確率

を言います。これらの取り方がそれぞれ異なっているため，理論値と同じようにシミュレーションの結果（実測値，標本空間のサンプル値）も違うことになります。

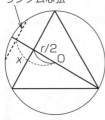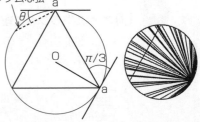

(a) ランダムに引かれた弦に対して，円の中心 O から垂線を下し，その垂線の長さを x とする。x は $0 \leq x < r$ の範囲の値を一様ランダムに取る。円の半径を r とすると，内接正三角形の一辺に中心 O より下した垂線の長さは $r/2$ である。よって，内接正三角形の一辺より大きくなる確率は 1/2 となる。

(b) ランダムに引かれた弦の円周上の点の一つを a とする。a を通る円の接線と弦のなす角を θ とすると，θ は $0 \leq \theta \leq \pi$ の範囲の値を一様ランダムに取る。内接正三角形の一辺が接線となす角は $\pi/3$ である。よって，内接正三角形の一辺より大きくなる確率は 1/3 となる。

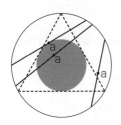

(c) 円の半径を r とすると，内接正三角形の内接円の半径は $r/2$ である。ランダムに引いた弦の中点を a とすると，内接正三角形の一辺より弦が大きくなるのは，a が内接円の中にあるときである。したがって，円の面積の比から，求める確率は 1/4 となる。

図 2.3　ベルトランの逆理の解法

2.3 入れ替わっても元の位置にない確率は？

Uiz カードの並びの問題

1 から n までの数字が書かれた n 枚のカードを数字が見えないようにして混ぜる。これを順に開いていくときに，1 枚目のカードを "1" と言いながら取り出し，2 枚目のカードを "2" と言いながら取り出し，という取り出し方を n 枚目まで続ける。このとき，ある段階で，カードを開

いたときと同時に言った数字とカードの数字が一致すれば，配り手（親）が勝利する。親が勝つ確率はどのくらいだろうか？

この確率をシミュレーションで求めてみましょう[37]。これはランダムな順列を作成することさえできれば簡単です。ただしより効率的な作成法を考えましょう。

これには配列のシャッフルをする関数 Shuffle() 関数を利用します[15][†]。

【配列シャッフルのアルゴリズム】　配列 A[1...N] の要素をでたらめに切り混ぜる。

```
procedure Shuffle;
  var I, J, T: integer;
begin
  for I:=N downto 2 begin
    J:=trunc(Random * I) +1;         //1からIまでの乱数を作成する
    T:=A[I]; A[I]:=A[J]; A[J]:=T    //A[I]とA[J]の中身を交換する
  end;
end;
```

関数 GenerateRandomPerm は，$1, 2, 3, \cdots, N$ のランダムな順 $A[1], A[2], \cdots, A[N]$ 列を生成します。

【ランダムな順列を生成するアルゴリズム】

```
procedure GenerateRandomPerm;
  var I: integer;
begin
  for I:=1 to N do A[I]:=I;
    Shuffle
end;
```

これに基づいてプログラムを作成して実行すると次のようになりました。

---

† これは Fisher-Yates シャッフルと呼ばれ，効率がよいことが知られている。すべての要素を選んで交換するとランダム性が落ちることに注意されたい。

48　　2.　確率の不思議を見てみよう

【出力例 2.4】　入れ替わっても元の位置にない確率

```
iba@fs(~/Euler)[536]: ./Euler
#trials = 10000, n = 100
p_n = 0.366000
#trials = 10000, n = 200
p_n = 0.373900
#trials = 100000, n = 100
p_n = 0.369230
#trials = 10000, n = 10000
p_n = 0.362300
```

　ここで#trialsはシミュレーションの回数です。p_nは親が負ける確率の実測値です。これを見ると勝つ確率は約 0.633 であることが分かります。

　さて，親が勝つ確率を理論的に求めてみましょう。まず親の負ける確率 p_n を考えます。つまり，n 個の並べられたものをランダムに再配列するとき，どれもがもとの場所に置かれない確率 p_n を求めます。いま，$1, 2, \cdots, n$ の印のついた n 個の箱があるとし，それらにランダムに $1, 2, \cdots, n$ の n 個の数字を入れていきます。そして入れた数字と箱の番号が一つも一致していない場合の数を F_n としましょう。なお，このような順列のことを攪乱順列（$1, 2, 3, \cdots, n$ を要素とする順列において，i 番目が i でない順列）と呼びます。このとき数字 1 を入れた箱が 2 のときを考えます。すると，次の 2 通りの場合があります。

1. 数字 2 を 1 の箱に入れたとき：
　　このとき残りの数字 $3, \cdots, n$ と $3, \cdots, n$ のついた箱が一つも一致しない場合の数となるので，その総数は F_{n-2} 通りである。

2. 数字 2 を 1 以外の箱に入れたとき：
　　このとき数字 2 は 1 の箱に入れないようにし，数字 3 は 3 の箱に入れないように，$\cdots$，数字 n は n の箱に入れないようにする場合の数，すなわち F_{n-1} 通りある。

　よって数字 1 を 2 の箱に入れて，すべて対応する箱に入れない場合の数は $(F_{n-2} + F_{n-1})$ 通りあります。数字 1 を箱 $3, 4, \cdots, n$ の中に入れる場合に対し

2.3 入れ替わっても元の位置にない確率は？ 49

ても同数だけあるので，求める総数 F_n は次のようになります。

$$F_n = (n-1) \cdot (F_{n-2} + F_{n-1}) \tag{2.2}$$

ところで

$$p_n = \frac{F_n}{n!} \tag{2.3}$$

なので

$$\frac{F_n}{n!} = (n-1) \cdot \left[\frac{F_{n-1}}{n!} + \frac{F_{n-2}}{n!} \right]$$

$$= (n-1) \cdot \left[\frac{1}{n} \cdot \frac{F_{n-1}}{(n-1)!} + \frac{1}{n(n-1)} \cdot \frac{F_{n-2}}{(n-2)!} \right]$$

よって

$$p_n = \left(1 - \frac{1}{n} \right) p_{n-1} + \frac{1}{n} p_{n-2} \tag{2.4}$$

となります。ただし，$p_1 = 0$, $p_2 = 1/2$ です。

この漸化式から p_n を求めるために，$p_n - p_{n-1}$ を計算すると

$$p_n - p_{n-1} = -\frac{1}{n} \cdot (p_{n-1} - p_{n-2})$$

$$= (-1)^2 \cdot \frac{1}{n(n-1)} \cdot (p_{n-2} - p_{n-3})$$

$$\cdots$$

$$= (-1)^{n-2} \cdot \frac{1}{n(n-1) \cdots 3} \cdot (p_2 - p_1)$$

$$= (-1)^n \cdot \frac{1}{n!}$$

そこで

$$p_n = p_1 + (p_2 - p_1) + (p_3 - p_2) + \cdots + (p_n - p_{n-1})$$

$$= \sum_{i=0}^{n} \frac{(-1)^i}{i!} = 1 - \frac{1}{1!} + \frac{1}{2!} - \frac{1}{3!} + \frac{1}{4!} - \cdots \frac{(-1)^n}{n!}$$

となります。n が大きくなるとよく知られているように

$$p_n \to 1/e \fallingdotseq 0.3678794412 \ (n \to \infty) \tag{2.5}$$

です。また，親が勝つ確率（＝少なくとも1枚のカードが一致する確率）は $1 - p_n \fallingdotseq 0.6321\cdots$ となり，かなり高くなっています。これは直観的に考えると不思議な気がします。

式 (2.4) に基づいて，p_n をプログラムで求めてみます。これには【プログラムA.29】に示すように再帰を利用します。このプログラムを実行するとシミュレーション結果が次のように得られます。n の値が 8 程度になると，$1/e$ の近似値に近づきます（e は自然対数の底，$2.718\cdots$）。

【出力例 2.5】 p_n の計算結果

```
iba@fs(~/Euler)[524]: gcc -o pn pn.c -lm
iba@fs(~/Euler)[525]: ./pn
p_1 = 0.000000000000      p_2 = 0.500000000000
p_3 = 0.333333333333      p_4 = 0.375000000000
p_5 = 0.366666666667      p_6 = 0.368055555556
p_7 = 0.367857142857      p_8 = 0.367881944444
p_9 = 0.367879188713      p_10 = 0.367879464286
p_11 = 0.367879439234     p_12 = 0.367879441321
p_13 = 0.367879441161     p_14 = 0.367879441172
```

以上の結果をまとめると次のようになります。

撹乱順列となる確率

n 個の並べられたものをランダムに再配列するとき，どれもがもともとの場所におかれない確率 p_n は

$$p_n = \sum_{i=0}^{n} \frac{(-1)^i}{i!} = 1 - \frac{1}{1!} + \frac{1}{2!} - \frac{1}{3!} + \frac{1}{4!} - \cdots \frac{(-1)^n}{n!}$$

となる。この値は n を大きくすると，$1/e \fallingdotseq 0.3678794412$ に近づく。

このことを利用して，n 個の並べられたものをランダムに再配列する実験を

繰り返して e の近似値を求めてみることもできます。なお，興味深いことに，この確率 $1/e \fallingdotseq 0.3678794412$ は後に述べる秘書問題（6.1 節）の最大確率に一致しています。

さて，この問題とオイラーについて説明しましょう。式 (2.2) はオイラーが求めた公式とされています。この式を繰り返し使って代入していくと，次のようになります。

$$F_n = n \cdot F_{n-1} + (-1)^n \quad (n \geqq 2) \tag{2.6}$$

この式をオイラーは「素晴らしい関係式」と呼びました[37]。なぜなら，式 (2.2) と違って，式 (2.6) が F_n を計算するのに直前の値のみを必要として，二つ前までの値が不要だからです。さらにオイラーは直接に F_n を計算する明示的な公式 (2.5) も導きました。

このほかにも e の近似値を実験で求める方法はいくつか知られています。例えば，以下の二つは簡単に実現できます。

1. 0 と 1 の間に一様乱数 $X_i \, (i = 1, 2, \cdots)$ を独立に発生させます。このとき乱数の和

$$S = \sum_{i=1}^{N} X_i \tag{2.7}$$

を計算しましょう。ここで N を，はじめて $1.0 \leqq S$ となるために必要な項の数とします。例えば乱数列が 0.2, 0.3, 0.4, 0.4, 0.1, ... となったときは，$0.2 + 0.3 + 0.4 < 1.0 < 0.2 + 0.3 + 0.4 + 0.4$ なので $N = 4$ です。N の数の平均 $E(N)$ を求めると，e に近づきます。

2. 0 から 1 までの間で一様乱数 X_i を M 個発生させ，それを M 個の同じ幅の「箱」に入れましょう。例えば，$M = 4$ のときには，$[0.0, 0.25], [0.25, 0.5],$ $[0.5, 0.75], [0.75, 1.0]$ の四つの箱になります。その後で，乱数を受け取っていない箱の数 Z を数えて，M/Z の値を求めると，この値は e に近づきます。

同じように円周率（$\pi = 3.141592 \cdots$）を実験的に求める方法もたくさんあ

ります。有名な方法はビュホンの針†です。これらの詳細やプログラム実験については，文献[7]を参照してください。

2.4 コペルニクスの原理と未来の予測

ニコラウス・コペルニクス（Nicolaus Copernicus, 1473–1543）は地動説を唱えた天文学者として有名です。確率と統計に関して，コペルニクスの原理というものが知られています。これは次のような原理です。

> **コペルニクスの原理**
> - われわれは宇宙において特別な存在ではない。
> - 地球が宇宙の中心といった特別な場所ではない。
> - 宇宙がどこでも，すべて同じ様な姿をしており，特別な場所というものが存在しない。

これは当然にも思えますが，このことから何かを観測するという事象に関して，知的観測者に対して特別な場所はほとんどなく，その結果ランダムな知的観測者を考えることができます。したがって，未来の予測に関して次のように考えることができます[68]。ランダムな知的観測者が観測している現象が，t_{begin} と t_{end} の間にあるとすると，観測したとき（現時点）t_{now} について特別なことがないなら，t_{now} は一様に分布していると仮定できます（**図 2.4**）。

ここで

$$t_{future} = t_{end} - t_{now}, \qquad t_{past} = t_{now} - t_{begin}$$

とおくと

$$r_1 = \frac{t_{now} - t_{begin}}{t_{end} - t_{begin}}$$

---

† 等間隔 L で平行に線を引いた平面の上に，長さが L の限りなく細い針を落とすことを考える。針はランダムな向きでランダムな場所に落ちる。針は線と交わることもあれば，交わらないこともある。このとき，線と針が交わる確率は $2/\pi$ である。これを利用して円周率を求めることができる。

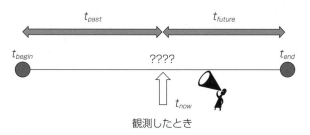

観測したとき

図 2.4 コペルニクスの原理と未来予測

は 0 から 1 の間の一様乱数となります．したがって，95%の確信度で

$$0.025 < r_1 < 0.975$$

であることが統計的な推定から分かります．以上をまとめると，コペルニクスの原理に基づく未来予測が得られます．

> **コペルニクスの原理に基づく未来予測**
> - 95%の確信度で，$\dfrac{1}{39}t_{past} < t_{future} < 39 t_{past}$
> - 50%の確信度で，$\dfrac{1}{3}t_{past} < t_{future} < 3 t_{past}$

この法則は

- 恋愛や結婚生活がどのくらい続くか？
- バスの待ち時間はあとどのくらいか？
- 平成がいつまで続くか？
- ある企業がいつまで存続するか？

などに応用することができます．

例えば，地球の年齢を考えてみましょう．地球は約 46 億年前に誕生しました．そこで，地球の今後の寿命は，46 億年/39 = 1.2 億年～46 億年 × 39 = 1800 億年となります．いまから 50 億年で太陽は燃え尽きて赤色巨星になり，地球の公転軌道を飲み込むと言われています．地球は確実にこのころ終焉を迎えます．そのため，予測は当たっていると言えます．

54　　2. 確率の不思議を見てみよう

　また，人類の未来はどうでしょうか？　ホモ・サピエンスは約 20 万年前に誕生しました（ただし 10 万〜25 万年前とも言われています）。ここでは誕生を 20 万年前とすると，ヒトという種の今後の寿命は，5 100〜780 万年となります。つまりヒトという種の寿命は 20.5 万〜800 万年です。多くの生物種の平均寿命は 100 万〜1 100 万年と言われていて，とくに哺乳類では 200 万年前後とされています。したがってこの予測はもっともらしいと考えられます。

　もう少し卑近な例として，企業の未来について見てみましょう。Google は 1998 年に設立されています，これまでで 16 年目となります†。したがって 50% の確率で 5.33〜48 年となります。つまり創立されてから，21〜64 年の寿命です。一方，企業の平均寿命を調べると約 23 年とされていて，通常の企業寿命は 10〜40 年と言われています。そこでこの予測は妥当なところでしょう。

　なおコペルニクスの原理について重要なのは，ランダムな知的観測者という点です。観測が偏っている場合には当然この予測は成り立ちません。

【練習問題 2.3 ★★】　　コペルニクスの原理

　コペルニクスの原理に基づく未来予測について，身近な例で確かめてみましょう。
- WWW や本からの実測値データ
- 思考実験
- 実体験
- シミュレーション実験

などにより予測値と実測値の比較をするとよいでしょう。

　ここでコペルニクスの原理と関連して，検査パラドクス (inspection paradox) について説明します[16]。これは以下のようなパラドクスです。

検査パラドクス

　平均間隔 10 分でバスがバス停に到着するとしよう。すると，ランダムにバス停に行くとき平均待ち時間は 5 分になると思われるが，実際には 5 分よりも長くなる。

---

† 2015 年 9 月現在。

2.4 コペルニクスの原理と未来の予測　　**55**

　もしバスが正確に 10 分間隔でバス停に着くなら平均待ち時間は 5 分でしょう。しかし，バスは平均して 10 分の間隔で着いています。ランダムにバス停に行くとすれば，バスどうしの到着間隔内で短時間内にバス停に着くよりも，長時間内にバス停に着くことのほうが確率が高くなります。そのため，平均待ち時間は 5 分より長くなるのです。別の例として，懐中電灯の電池の寿命を考えてみます。平均寿命を 3.5 時間とします。このとき，懐中電灯を取り上げるたびに，バスの場合と同様に，短い時間間隔内においてよりも長い時間間隔内の可能性が高くなります。そのため，電池はその平均寿命よりもわずかに長い時間耐えられるのです。これは次のような例として考えると分かりやすいでしょう。学校に二つのクラス，40 人のクラスと 60 人のクラスがあるとしましょう。このときクラスの平均人数は 50 人となるはずです。しかしこの学校からランダムに生徒を選んで標本調査したときには

$$60 \times \frac{60}{100} + 40 \times \frac{40}{100} = 5.2$$

となり，実際の平均人数よりも大きくなります。

　このことを実験で確かめてみましょう。【プログラム A.30】は，ランダムにバス停に人が来るときの平均待ち時間を計算します。バスの平均到着間隔は 10 分間として，その範囲を [PERIOD-VAR/2, PERIOD+VAR/2] とします。ここで VAR は一様分布の範囲の幅を指定するパラメータです。VAR を 0.0 から 5.0 まで 0.5 刻みで増やしながら実行した結果は次のようになりました。

【出力例 2.6】　検査パラドクスの計算結果

```
iba@fs(~/kensa)[507]: gcc -o inspection inspection.c -lm
iba@fs(~/kensa)[508]: ./inspection
到着時間                  待ち時間の平均      理論値
[10.00000,10.000000]    4.999997        5.000000
[9.750000,10.250000]    5.001863        5.001042
[9.500000,10.500000]    5.004816        5.004167
[9.250000,10.750000]    5.009969        5.009375
[9.000000,11.000000]    5.017418        5.016667
[8.750000,11.250000]    5.025517        5.026042
```

2

確率の不思議を見てみよう

[8.500000,11.500000]	5.038289	5.037500
[8.250000,11.750000]	5.051821	5.051042
[8.000000,12.000000]	5.065746	5.066667
[7.750000,12.250000]	5.082928	5.084375
[7.500000,12.500000]	5.103174	5.104167

この実験の結果から，バスの到着時間の幅が増えるほど，平均待ち時間が増えていくことが分かります．到着時間がきっかり 10.000000 のときは，当然ながら待ち時間の平均は $4.999997 \fallingdotseq 5.0$ です．

ここで理論値の計算方法について説明します．バスの到着は一様分布 $[\mu - \sigma, \mu + \sigma]$ に従うとしましょう．n 台のバスが $d_1, d_2, d_3, \cdots, d_n$ という間隔で来たとします．このとき時間 t に到着した場合の待ち時間を考えると，**図 2.5** のような二等辺三角形が並んだようになります．

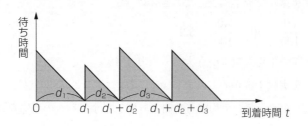

図 2.5 検査パラドクス

二等辺三角形の等辺の長さはバスの到着時間に等しく，一様分布 $[\mu - \sigma, \mu + \sigma]$ に従います．客がすべての区間に一様に到着することから，このときの平均待ち時間は次のように表されます．

$$\frac{\sum_{i=1}^{n} \frac{d_i^2}{2}}{\sum_{i=1}^{n} d_i} \tag{2.8}$$

分母は二等辺三角形の面積の総和です．ここで $n \to \infty$ とすると，この式は

$$\frac{E\left(\frac{d_i^2}{2}\right)}{E(d_i)} \tag{2.9}$$

となります。だたし $E(x)$ は x の期待値で、とくに一様分布を考えると $E(d_i) = \mu$ です。また

$$E\left(\frac{d_i^2}{2}\right) = \frac{1}{\{(\mu+\sigma)-(\mu-\sigma)\}} \int_{\mu-\sigma}^{\mu+\sigma} \frac{x^2}{2} dx = \frac{6\mu^2\sigma + 2\sigma^3}{12\sigma} \quad (2.10)$$

から、待ち時間の理論値は

$$\frac{E\left(\dfrac{d_i^2}{2}\right)}{E(d_i)} = \frac{\mu}{2} + \frac{\sigma^2}{6\mu} \quad (2.11)$$

です。シミュレーション実験を見ると理論値と一致していることが分かります。

> ✏️ 【練習問題 2.4 ★★】　検査パラドクス
>
> 　実際のランダムな繰返し現象はポアソン分布（65 ページ参照）に基づくと言われています[5]。では、検査パラドクスについて、一様分布ではなく、ポアソン到着や正規分布到着を仮定した実験を行ってみましょう。待ち時間の期待値がパラドクスをより強めるのか、あるいは打ち消すのかを検証してみましょう。

　突然ですが、宇宙人はいるのでしょうか？　ここでの宇宙人とは、知的な地球外文明のことです。一部の説ではすでに地球に来ているというものもあります（**図 2.6**）。しかしながら、さまざまな証拠や統計データから、この銀河系には多くの地球外文明があるはずですが、その兆しが（少なくとも自分の経験では）まったく見られません。これは、エンリコ・フェルミ†のパラドクスと呼ばれています[13]。

> **エンリコ・フェルミのパラドクス**
>
> 　高度に知的なエイリアンが見つかってもよいはずなのに、現在まで何の確定的な証拠が得られていない。

　つまり、発達した通信能力を持つ地球外文明は複数あるはずなのに、その兆しが見当たらないということです。このパラドクスは、コペルニクスの原理と

---

† イタリアの物理学者、Enrico Fermi (1901–1954)。1938 年にノーベル物理学賞を受賞。

(a) アメリカ・ニューメキシコ州・ロズウェルにある UFO 博物館

(b) ロズウェル事件から 50 年目の 1997 年に行われた記念パレード(左に見えるのが UFO 博物館)。

(c) 博物館内にあるロズウェル事件の展示(1947 年 7 月初めにロズウェル近郊の牧場に空飛ぶ円盤が墜落し,その機体や乗っていた異星人が米軍に回収されたとされる)。

図 2.6　宇宙人はいるのか？

も関連します。コペルニクスの原理から,われわれは特別な存在ではありません。そのため,彼ら(知的な宇宙人)はいなくてはなりません。それなのに彼らをわれわれは見ていないのです。

一方,検査パラドクスをもとにすると次のようになります[16]。地球への到着がランダムであるなら短命の惑星に到着するよりも長命の惑星に到着しそうです。われわれの太陽は平均よりも長い寿命を持つことが知られています。銀河系が進むほどわれわれは平均を超える発展レベルにあり,どこよりも最も進歩した文明の一つかもしれません。われわれ以外に「みんなはいない」のです。

エンリコ・フェルミのパラドクスに関しての数多くの仮説や議論については文献[13]を参照してください。その中でも筆者が有望だと思われる説は以下のような人工生命と進化に基づく考察です[9]。地球上の生命は過去何度かの大量絶滅(生物多様性が減少した時期)を経験しているとされています。少なくとも 15 回が記録されています。中でも大規模な 6 回の大量絶滅のときには,生きて

2.4 コペルニクスの原理と未来の予測　*59*

いた生物種の半分以上が死んだそうです。これらは，カンブリア紀（図 5.7 参
照），オルドヴィス紀，デヴォン紀，ペルム紀，三畳紀，白亜紀のものです。大量
絶滅が知的生命の進化に必要であるという説があります。大量絶滅は環境が激
変する時点であり，進化が変化を利用し急速に作用して新種が現れるというこ
とです。大量絶滅の後には生物多様性は絶滅前の水準に戻り，それを超えるこ
とも期待できます。ただしこのような大量絶滅による危機と安定は適切な時間
間隔で行われる必要があるでしょう。大量絶滅の間隔（ある大量絶滅が来てか
ら次の大量絶滅が来るまでの時間）が短すぎれば知的生命が進化する可能性は
ありません。一方長すぎれば生命の進化が停滞するでしょう。地球に起こった
大量絶滅はその意味では絶妙の時間間隔であり，その要因が小惑星帯からの隕
石によるものであると考える科学者もいます[13]。このような条件を満たすよう
な恒星は銀河系にそれほど多くないとも言われています。そのため本当は「み
んなはいない」のかもしれません（本章の冒頭の引用を参照）。

3 確率の難問に挑もう

「わたしは,エルデシュ[†]に答えは選択を変えることだと話して,次の話題へ移るつもりでいた。ところがエルデシュはこう言ったんだ。『いや,それは不可能だ。それでは違いが出ないはずだ』そのとき,この話題を持ちだしたことを後悔したものだ。経験から言って,この答えについてはみんな興奮して感情的になるので,面倒なことになってしまうのだ[52])。

3.1 ベイジアンになろう

本章では,確率の難問を扱いますが,その前にまず確率論の基礎について復習しておきましょう。とくに,人工知能や機械学習で盛んに応用されるベイズの定理について説明します。

定義 3.1　条件付き確率

A が起こったという条件で B が起こるという事象を $B \mid A$ で表す。その確率 $P(B \mid A)$ を条件 A のもとでの B の起こる条件付き確率と言い

$$P(B \mid A) = \frac{P(A \cap B)}{P(A)} \tag{3.1}$$

で定義する。ただし $P(A \cap B)$ は A と B が同時に起こる確率(同時確率)である(**図 3.1**)。

[†] ハンガリー生まれの数学者,ポール・エルデシュ(Paul Erdös(1913–1996))。定住先を持たず,共同研究者の家を放浪しながら,生涯に約 1 500 編もの論文を 507 人の共著者と発表している。エルデシュ数は,論文の共著関係によりエルデシュと研究者をつなげるのに必要なリンク数として定義され,複雑系や人工知能の研究などに用いられる(文献[9])参照)。

3.1 ベイジアンになろう

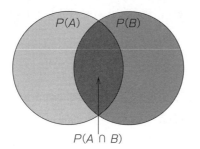

図 3.1 条件付き確率

定義 3.2　周辺確率

A が起こったときに同時に $B_1, B_2, \cdots, B_m$ のいずれかが起こるとする。ただし $B_1, B_2, \cdots, B_m$ は同時には起こらない。このとき，A が起こる確率（周辺確率）は以下のように表される。

$$P(A) = \sum_{i=1}^{m} P(A, B_i) = \sum_{i=1}^{m} P(A \mid B_i) P(B_i) \tag{3.2}$$

定理 3.1　乗法定理

$$P(B \mid A) = \frac{P(A \cap B)}{P(A)} \tag{3.3}$$

と

$$P(A \mid B) = \frac{P(A \cap B)}{P(B)} \tag{3.4}$$

から

$$P(A \cap B) = P(A) P(B \mid A) = P(B) P(A \mid B) \tag{3.5}$$

が得られる。

ここで，われわれは確率に惑わされやすいことを例題で見てみましょう。次の問題を考えてください[43]。

Uiz 乳ガンの危険性

あなたは乳ガンの検査（マンモグラフィ）で陽性になった。この検査では，乳ガンになっている人を見つける正確さは90％，なっていない人を見つける正確さは93％である。あなたが本当にガンである確率はどのくらいか？ ただし，病気の発生確率は0.8％である。

この問題について，心理学者のゲルト・ギーゲレンツァー（Gerd Gigerenzer）は，何人もの医療従事者にアンケートしました。「検査は90％近く正確なのだから，ガンの可能性は非常に高い」と多くの医者が間違って答えたと言います（24人中正解は2人，別の2人は正しいが誤った理由付けをしていた）。さて，皆さんはどう考えますか，どのくらい深刻に考えるべきでしょうか？

次のように考えてみましょう。女性が1000人いるとします。すると，このうち8人がガンであり，かなり正確だが完璧ではない検査によると，7人が陽性になります。あとの992人はガンではありませんが，検査はこの人々にとっても正確ではありません。992人のうち，70人近くの人にも陽性という結果が出てしまいます。これらは偽陽性です。全体では77人が陽性となりますが，その中でたしかに陽性なのは7人にすぎません。つまり，陽性になった女性のうちたしかに陽性である可能性はわずか10％程度です。

このような確率に対しての直観的な誤解には注意する必要があります。上の問題では，検査の90％以上の正確さを誤って判断したために起こっています。同様に，古生物学者のスティーブン・J.グールド（Stephen Jay Gould）は自分が珍しいがとても危険なガンである腹部中皮腫と診断された経験談について，進化論的な観点で興味深く論じています[22]。

また次のようなスミス夫妻の子どもと呼ばれるパズルも有名です[32]。

3.1 ベイジアンになろう   *63*

Quiz スミス夫妻の子ども (1)

スミス夫妻には二人の子どもがいる。そこで，「そのうちの一人は女の子だ」と言ったとする。このとき，もう一人の子どもが女の子である確率はいくらか？

この問題に対して，男と女の生まれる確率は等しいので，当然1/2であると考えるかもしれません。ところがそれは正しくありません。取りうる性別の組合せを生まれた順に書くと，男–男，女–男，男–女，女–女の4通りです。子どもの中に女の子がいることはないので，男–男の可能性はありません。そこで残る3通りのうち，女–女のみでもう一人の子が女となります。したがって確率は1/3となります。一方，次のような状況では，最初に述べたように1/2になるのです。

Quiz スミス夫妻の子ども (2)

スミス夫妻には二人の子どもがいる。そこで，「そのうち上の子は女の子だ」と言ったとする。このとき，もう一人の子どもが女の子である確率はいくらか？

この問題を何人かの学生に解かせてみました[†]。その結果の集計（正解率の比較）を**表3.1**に示します。この表から3割近くの学生が間違えて回答することが分かります。

同じような身近な確率の問題として，以下のものを考えてください。

---

† 筆者の大学の講義「人工知能」でのアンケート調査。この講義は，学部3年生向けであり90人程度が毎年受講している。受講者は工学部を中心に，文学部，法学部，医学部の学生も含む。数年間の統計値である。

64   3. 確率の難問に挑もう

表 3.1 正解率の比較

(a) スミス夫妻の子ども

	頻 度	回 答
正 解	70.0%	$\frac{1}{3}$
不正解	20.0%	$\frac{1}{2}$
	6.0%	0
	2.0%	$\frac{1}{4}$
	2.0%	$\frac{2}{3}$

(b) 落雷の確率

	頻 度	回 答
正 解	16.5%	明日の火曜日
不正解	67.4%	どの日も確率は変わらない
	11.6%	1 か月後
	2.0%	その他

Quiz 落雷の確率

あなたの住んでいる町では一年中いつでも落雷の可能性があるとする。その頻度は月に 1 回程度とする。つまり 1 日当たり落雷する確率は約 0.03 である。さて，今日の月曜日にあなたの町に雷が落ちた。では，**次に落雷がある**可能性が最も高いのは次のどれか？ 理由をつけて答えよ。

(a) 明日の火曜日

(b) 1 か月後

(c) どの日も確率は変わらない

(d) その他（具体的に答えを書くこと）

この問題に対しての回答の集計も表 3.1 に示してあります。驚くことに，おもに理系の大学生が対象にもかかわらず正解 (a) は 17% 前後であり，(c) のどの日も同確率という回答を選んだ学生が最も多くなりました。

正解が (a)「明日」である理由は以下のとおりです。次の落雷が明日（火曜日）である確率は 0.03 です。一方，次の落雷が明後日（水曜日）である確率は，まず水曜日に雷が落ち，かつ明日の火曜日に雷が落ちないときなので，$0.03 \times 0.97 = 0.0291$

です。同じように次の落雷が木曜日である確率は, $0.03 \times 0.97 \times 0.97 = 0.0282$ です。このように1日過ぎるごとに確率は（指数関数的に）下がっていきます。しかしながらこれを正しく理解する人は多くありません。「次に」の文字を見落とさないようにわざわざフォントを変えて下線を引いているにもかかわらず,「どの日の確率も同じ」という回答が多くなるのです。中には正解 (a) でしたが,「悪い天候は連続して現れそうだから」と誤った理由で回答している学生もいました。雷と同じような例としてハリケーンの例があります。100年に一度のハリケーンは頻度が重要ではありません。2004年から2年連続でフロリダをこのクラスのハリケーンが襲うことで, 甚大な被害をもたらしました。その結果, 保険会社（Poe Financial Group）は10年分の余剰金を失って破綻しました[47]。

進化心理学者のスティーブン・ピンカー（Steven Arthur Pinker）はインターネットを通じた実験により, 落雷の問題への正解者が100人中5人であったと報告しています[46]。この確率過程は連続的なランダム事象をモデル化したもので, ポアソン過程と呼ばれます。ポアソン過程での事象と事象の間隔は指数関数的に分布します[5]。つまり短い間隔は数多くありますが, 長い間隔は少なくなります。物理学者の寺田寅彦の有名な随筆『電車の混雑について』[39]にあるように, バスは来るときにはどっと続いて来て, しばらく来なくなる現象もこの過程から説明できます。つまりランダムに起こる事象はクラスタをなしているように見えます。

ところが人間はこの確率法則をなかなか理解できません。ランダムな事象がクラスタや規則性をなしているように勘違いします。そのため表3.1にあるように間違いを犯すことになります[†1]。

ベイズの定理[†2]は, 結果が起きたとき, その原因を調べるために便利です。そのため後述するようにさまざまに応用されています。

ここで, ある事象の原因と結果について

- 事前確率：結果の確率

[†1] 現在の人工知能・機械学習のおもな技術が確率的推論や統計に基づいていることから, 真の人間の知能（強い人工知能）は決して実現できない, という批判もつながる[11]。

[†2] イギリスの牧師で数学者, トーマス・ベイズ（Thomas Bayes (1702–1761)）。現在ベイズの定理として知られている業績は, 死後になって発見された。

66   3. 確率の難問に挑もう

● 事後確率：原因の確率

と定義します。さらに，原因となる事象（n 個の排反事象）を $A_1, A_2, \cdots, A_n$，
結果の事象を E とします。このとき，以下の定理が成立します。

📖 定理 3.2   ベイズの定理   結果 E が起こったときに原因が A_i で
ある確率は以下となる。

$$P(A_i \mid E) =$$
$$\frac{P(A_i) \cdot P(E \mid A_i)}{P(A_1) \cdot P(E \mid A_1) + P(A_2) \cdot P(E \mid A_2) + \cdots + P(A_n) \cdot P(E \mid A_n)}$$
(3.6)

この定理の証明は，定義から

$$P(A_i \mid E) = \frac{P(E, A_i)}{P(A_i)} \tag{3.7}$$

であり，この式の分子を乗法定理 (3.1) により，分母を周辺確率の公式 (3.2) で
展開することで得られます。

以下のような例題を考えてみます。

Quiz 白球はいくつか？

袋の中に 4 個の球があり，その中に白が何球あるか分からない。い
ま，袋から任意に 1 個の球を取り出したら白球であった。この袋の中に
3 個の白球が入っている確率はどれくらいだろうか？

この問題を解くために以下のように記号を設定します。

● A_0：白が 1 球もない事象

● A_1：白が 1 球ある事象

● A_2：白が 2 球ある事象

● A_3：白が 3 球ある事象

- A_4：白が 4 球ある事象
- B：白が 1 球出るという事象

前提として，白の数は分からないので，$P(A_0), P(A_1), P(A_2), P(A_3), P(A_4)$ はすべて等しいと考えられます。つまり

$$P(A_0) = P(A_1) = P(A_2) = P(A_3) = P(A_4) = \frac{1}{5}$$

です。次に

$$P(B \mid A_0) = 0, \quad P(B \mid A_1) = \frac{1}{4}, \quad P(B \mid A_2) = \frac{2}{4},$$
$$P(B \mid A_3) = \frac{3}{4}, \quad P(B \mid A_4) = 1$$

となります。したがって，3 個の白球が入っている確率は以下のようになります。

$P(A_3 \mid B)$

$$= \frac{P(A_3) \cdot P(B \mid A_3)}{P(A_0) \cdot P(B \mid A_0) + P(A_1) \cdot P(B \mid A_1) + \cdots + P(A_4) \cdot P(B \mid A_4)}$$

$$= \frac{(1/5) \cdot (3/4)}{(1/5) \cdot 0 + (1/5) \cdot (1/4) + (1/5) \cdot (2/4) + (1/5) \cdot (3/4) + (1/5) \cdot 1} = \frac{3}{10}$$

同じようにほかの白の個数について計算すると

$$P(A_1 \mid B) = \frac{1}{10}, \quad P(A_2 \mid B) = \frac{1}{5}, \quad P(A_3 \mid B) = \frac{3}{10}, \quad P(A_4 \mid B) = \frac{2}{5}$$

となります。したがって，4 個の白球が入っている可能性が最も大きいことが分かります。なお当然ながら $P(A_0 \mid B) = 0$ です。

先に述べた，スミス夫妻の子どものパズルをベイズの定理で示してみます[32]。

- C：少なくとも一人の子どもは女の子である事象
- A：もう一人の子どもは女の子である事象

すると

$$P(C) \quad = \frac{3}{4}$$
$$P(A \cap C) = \frac{1}{4}$$

です（$A \cap C$ は，二人の子どもがともに女の子である事象に注意）。そのため，ベイズの定理から，求める確率は

$$P(A \mid C) = \frac{1/4}{3/4} = \frac{1}{3}$$

となります。

同様に二つのサイコロを振り，少なくとも一つのサイコロの目が6であるとき，6のゾロ目となっている確率は，1/6ではなく，1/11です。読者はこの理由を考えてみましょう。

ベイズの定理は，データマイニングや機械学習に活用されています。このためには環境を記述する確率モデルを考えます。この確率モデルにはパラメータ θ があるとします。この値をベイズの定理を用いて最適化することで適切なモデルを獲得します。これがベイズ推定と呼ばれている手法です。より詳細には，パラメータ θ を確率変数とみなして，パラメータの値の確信度を確率密度分布を用いて表現します。そして，データを観測する前にパラメータが取りうる値の確率密度分布を事前確率 $P(\theta)$ として表現します。さらに，データ D が観測された後にパラメータが取るであろう値の確率密度分布（事後確率密度分布 $P(\theta \mid D)$）を推定します。

ベイズ推定

尤度 $P(D \mid \theta)$ とモデル（パラメータ θ を持つ）の事前確率 $P(\theta)$ から，観測データ D が得られたとき，ベイズの定理を用いて以下のように事後確率 $P(\theta \mid D)$ を推定する。

$$P(\theta \mid D) = \frac{P(D \mid \theta) P(\theta)}{P(D)}$$

ただし

$$P(D) = \int P(D \mid \theta') P(\theta') d\theta'$$

である。

3.1 ベイジアンになろう 69

つまり，ベイズ推定では，パラメータ θ の特定の値を決める代わりに，すべ
ての可能な値を考えます。そして，$P(D \mid \theta)$ を重みとした重み付き平均により
D の確率密度分布を推定しています。尤度とはあるパラメータを指定したとき
に観測データ D が得られる確率 $P(D \mid \theta)$ のことです（パラメータの尤もらし
さ）。なお θ を連続変数として考えるので，確率 $P(\theta), P(\theta \mid D)$ は連続的な確
率分布として扱っています。ベイズ推定についての詳細は文献[60] などを参照し
てください。

ベイズの定理の応用として有名なものに，メールのスパムフィルタがありま
す[69],[70]。これはベイズ理論に基づくメールフィルタです。「特定の単語はスパ
ムに高頻度で出現し，別の単語は非スパムに高頻度で出現する」という仮定の
下で推定します。まず，スパムメールと非スパムメール（通常のメール）から
辞書（コーパス）を学習により作成します。そして，単語単位にスパムである
確率を計算し，メールに含まれる単語のスパム確率から，そのメールのスパム
確率を導出します。単語のスパム確率は次の式によって計算します。

単語のスパム確率
$$
= \begin{cases}
\dfrac{\min(1.0, b/n_{bad})}{\min(1.0, 2 \times g/n_{good}) + \min(1.0, b/n_{bad})} & (2 \times g + b > 5 \text{ のとき}) \\
0.4 & (\text{そのほかのとき})
\end{cases}
$$

ただし，0.01 を下限，0.99 を上限とします。なお，式中の記号は以下のとお
りです。b はその単語がスパムメール中に現れた回数，g はその単語が非スパム
メール中に現れた回数，n_{bad} はスパムメールの総数，n_{good} は非スパムメール
の総数です。

単純なフィルタでは，以下のようなメールのスパム確率 M_{Spam} が用いられ
ています。

$$
M_{Spam} = \frac{p_1 \times p_2 \times \cdots \times p_{15}}{p_1 \times p_2 \times \cdots \times p_{15} + (1 - p_1) \times (1 - p_2) \times \cdots \times (1 - p_{15})}
$$

$p_1 \sim p_{15}$ はメール中の最も特徴的な（0.5 から最も離れている）単語 15 個のス
パム確率です。そして，この $M_{Spam} > 0.9$ のメールをスパムと判定します。

ベイズの定理によるスパムフィルタは非常に有用であることが検証され，実用されています。

一方，ベイズ推定は強力ですが万能でないことにも注意する必要があります。例えば，人間は因果関係を単なる相関関係でとらえてはいません。それに対して，ベイズに基づく AI（ベイズネットワークなど）では膨大な数の相関関係を計算して因果推論を行っています。そのため，人間の因果的思考や学習をベイズアプローチで実現するには困難な点もあります[9]。つまり，強い人工知能（65ページの脚注参照）の立場からはベイズ推論が批判されることもあります。

また，法律や裁判で確率が問題になることも頻繁にあります。とくに有名なのは，検察官の誤審と取調官の誤審と呼ばれるものです[32],[82]。

まず，検察官の誤審について説明します。これは，条件付き確率を混同することです。つまり，$P(A\mid C)$ と $P(C\mid A)$ を取り違えてしまうことを言います。裁判においては

- C：DNA が一致した事象
- A：被告が無罪である事象

すると以下のような誤審となります。

> **検察官の誤審**
> 「被告が無罪であるときに，DNA が一致する確率」と「DNA が一致するときに被告が無罪である確率」を取り違えて議論すること。

取調官の誤審は，ベイズの定理により深く関わります。ここで以下のように定義します。

- E：何かの証拠
- G：被告が有罪である事象
- $\overline{G}$：被告が無罪である事象

このとき

$$P(G \mid E) = \frac{P(G)}{1 - P(\overline{G}) \cdot \left(1 - P(E \mid G)/P(E \mid \overline{G})\right)} \tag{3.8}$$

が導かれます。これをロバート・マシューズ（Robert A.J. Matthews）の公式[82)]と呼びます。

> ✏️ **【練習問題 3.1 ★】** マシューズの公式
>
> 式 (3.8) を証明してください。

さて，証拠によって有罪の確率が増えるのは，$P(G \mid E) > P(G)$ のときです。この条件は，式 (3.8) の右辺の分母が 1 より小さいとき，言い換えると

$$P(\overline{G}) \cdot \left(1 - \frac{P(E \mid G)}{P(E \mid \overline{G})}\right)$$

が正のときです。つまり

$$P(E \mid G) > P(E \mid \overline{G}) \tag{3.9}$$

のときであることが分かりました。

この式の意味を考えてみましょう。証拠として自白というのを考えると，興味深いことになります。つまり式 (3.9) から，次のことが導かれます。

> **取調官の誤審 (1)**
>
> 自白により有罪である確率が大きくなるのは，無実の人が罪を犯した人よりも自白しにくいときに限る。

このことは一見件正しいように思えますが，多くの冤罪や強引な取調べなどを考慮すると必ずしも成立しません。無実の人は嘘の自白などしない，というのは統計的にも否定されています[47)]。なぜなら，無実の人ほど黙秘権の行使や弁護士を呼ぶことはせず，ポリグラフ検査や家宅捜索などに積極的に協力する傾向があります。ほかの証拠から虚偽の自白であることが判明するだろうとの間違った思い込みがあるかもしれません。

また同様に次のようなことも導かれます[32)]。

取調官の誤審 (2)

これまでの証拠で被告が有罪であるとしたときの新しい証拠の条件付き確率が，これまでの証拠で被告が無罪であるとしたときの新しい証拠の条件付き確率を超える場合にのみ，新しい証拠によって有罪の確率が高くなる。

これは「新しい証拠」がつねに有罪確率を高めるわけではないことを意味します。このように，「取調官の誤審」は思い込みや直観が予期せぬ偏りを生じる危険性を示唆しています。

3.2 3囚人の問題：私は幸せになったのか？

Uiz 3囚人の問題

3人の囚人 A, B, C がいます。そのうち一人だけ恩赦されることになりました。残りの二人は処刑されます。だれが恩赦になるかは決定されていますが，まだ囚人たちには知らされていません。その情報を看守は知っています。そこで，囚人 A は次のように看守に頼みました。

「BとCのうち，どちらかは必ず処刑されるのだから，処刑される一人の名前を教えてくれても，私に情報を与えることにはならないだろう。だから処刑される一人を教えてくれないか。」

看守は，その言い分に納得して

「囚人 B は処刑されるよ。」

と教えてやりました。

囚人 A は次のように考えて喜びました。

「はじめ自分の助かる確率は 1/3 だった。いまや助かるのは自

3.2 3囚人の問題　　73

分とCだけになったので，助かる確率は 1/2 になった。」

さて，はたしてAが喜んだのは正しいのでしょうか？

この問題は，条件付き確率をめぐる難問「3囚人の問題」として知られています。これを数学の問題として解くのは簡単ではありませんが，シミュレーションプログラムで実験するのは容易です。【プログラム A.31】に示すようなプログラムを書けばよいでしょう。このプログラムでは，**表 3.2** のようなパラメータ変数を利用しています。このとき次のようにそれぞれの確率を求めることができます。

表 3.2　プログラムのパラメータ変数

変　数	意　味
SimTime	シミュレーション回数
a_live1	囚人 A が恩赦された総回数
a_live2	看守に B が処刑されると明かされた回数
a_live3	看守に C が処刑されると明かされた回数
a_live4	看守に B が処刑されると明かされて，かつ囚人 A が恩赦された回数
a_live5	看守に C が処刑されると明かされて，かつ囚人 A が恩赦された回数

看守に情報を貰わなかった場合に A が助かる確率

$= $ a_live1/SimTime

B が処刑されると明かされた場合に A が助かる確率

$= $ (a_live4/SimTime)/(a_live2/SimTime)

$= $ a_live4/a_live2

C が処刑されると明かされた場合に A が助かる確率

$= $ (a_live5/SimTime)/(a_live3/SimTime)

$= $ a_live5/a_live3

プログラムを実行した結果は次のようになりました。

【出力例 3.1】 3囚人の問題のプログラム

```
iba@fs(~/3prisoner)[550]: gcc -o prisoner prisoner.c -lm
iba@fs(~/3prisoner)[551]: ./prisoner
恩赦される確率: a=0.333333, b=0.333333, c=0.333333
看守に情報を貰わなかった場合にAが助かる確率 0.333633
Bが処刑されると明かされた場合にAが助かる確率 0.333908
Cが処刑されると明かされた場合にAが助かる確率 0.333358
```

この結果を見ると，看守からの情報があってもなくても，また情報がどちらであっても（BかCのどちらを答えるか），Aが助かる確率は $1/3 ≒ 0.3333$ となり，喜んだことは間違いだとわかります。

では，3囚人の問題を数学的に証明してみましょう。

証明 A, B, C を囚人A, B, Cが恩赦される事象，S_A, S_B, S_C を囚人A, B, Cが処刑されると看守から告げられる事象とする。このとき，3人とも等しい確率で処刑されるので

$$P(A) = P(B) = P(C) = \frac{1}{3}$$

となる。また，2人は処刑され，また看守は嘘をつかないので

$$P(S_B \mid B) = 0 \quad P(S_B \mid C) = 1$$

が得られる。さらに，Aが助かる場合には，看守は等確率で「Bが処刑される」または「Cが処刑される」を言うので

$$P(S_B \mid A) = P(S_C \mid A) = \frac{1}{2}$$

となる。
このとき求める確率は

$$P(A \mid S_B) = \frac{P(S_B \mid A) \cdot P(A)}{P(S_B \mid A) \cdot P(A) + P(S_B \mid B) \cdot P(B) + P(S_B \mid C) \cdot P(C)}$$
$$= \frac{(1/2) \cdot (1/3)}{(1/2) \cdot (1/3) + 0 \cdot (1/3) + 1 \cdot (1/3)} = \frac{1}{3}$$

である。よって，囚人Aが喜んだのは正しくないことが証明された。 □

3.3 モンティ・ホール問題

さて，A, B, C の恩赦になる確率が異なる場合，看守に情報を貰うか，また貰った情報の内容によって結果が変わるでしょうか？ このことは先のプログラムで，A, B が恩赦になる事前確率（`p_a`, `p_b`）を変えることで容易にシミュレーションすることができます。例えば，いくつかの条件で実験した結果を**表 3.3**に示します。

表 3.3　3 囚人の問題をいくつかの条件で実験した結果

恩赦される確率	囚人 A	0.333333	0.1	0.2	0.5	0.6	0.8
	囚人 B	0.333333	0.2	0.3	0.5	0.3	0.15
	囚人 C	0.333333	0.7	0.5	0.0	0.1	0.05
看守に情報を貰わなかった場合に A が助かる確率		0.333633	0.099966	0.199876	0.500292	0.599967	0.800129
B が処刑されると明かされた場合に A が助かる確率		0.333908	0.066546	0.166661	1.000000	0.749955	0.889143
C が処刑されると明かされた場合に A が助かる確率		0.333358	0.200211	0.249722	0.333598	0.499917	0.727326

【練習問題 3.2 ★】　3 囚人の問題

　A, B, C が恩赦になる確率が異なっているとき，看守に情報を貰うかによってどのように確率が変化するかを考えてください。なお，囚人たちはそれぞれが恩赦になる確率を事前に知っているとは考えにくいかもしれません。この場合にはどうなるでしょうか？

3.3　モンティ・ホール問題：一攫千金を狙え

アメリカでモンティ・ホールが司会をつとめる『Let's make a deal』というゲームショーがありました。これは次のようなクイズです。

Uiz モンティ・ホール問題

　三つの扉があり，その一つに賞金が隠されている。例えば二つ扉の後ろはヤギ（はずれ）で，一つの扉の後ろにはスポーツカー（当たり）が

ある．あなたは一つを選択し，その景品を貰える．

- あなたは一つの扉 A を選んだとする．
- 司会者は残った二つの扉のうち，はずれを開ける．これを B とする．
- この時点で解答を変えることが許される．残っているのは A か C である．

あなたはもともと A を選んでいた．この場合，C に変えるほうがよいだろうか（**図 3.2**）？

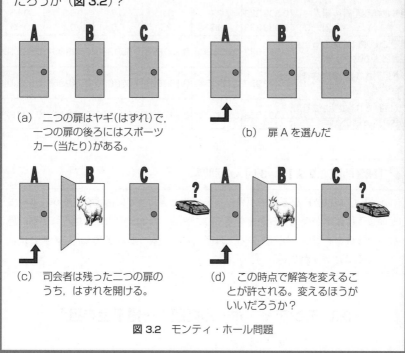

(a) 二つの扉はヤギ（はずれ）で，一つの扉の後ろにはスポーツカー（当たり）がある．

(b) 扉 A を選んだ

(c) 司会者は残った二つの扉のうち，はずれを開ける．

(d) この時点で解答を変えることが許される．変えるほうがいいだろうか？

図 3.2 モンティ・ホール問題

この問題は大きな論争を呼びました[58]．その発端はマリリン・ヴォス・サバント[†]が担当する『パレード』誌での Q&A コーナー，『マリリンに聞く』における 11 か月にわたる議論です．その結果，1991 年 7 月 21 日には『ニューヨーク・タイムズ』の日曜版の一面を飾ることになります．サバントは，扉を変え

[†] アメリカのコラムニスト．最も高い IQ を有する女性としてギネスブックに認定されたことで知られている．

ることが有利になること述べましたが，数学の専門家[†]を含めた多くの読者はその答えを（ときにはきわめて感情的に）否定しました。

さて，変えることにメリットがあるでしょうか，読者は自分で考えてみてください。

【プログラム A.32】にモンティ・ホール問題のシミュレーションのためのプログラムを示します。このプログラムを実行すると以下のようになりました。

【出力例 3.2】 モンティ・ホール問題

```
iba@fs(~/monty)[529]: gcc -o montyhall montyhall.c -lm
iba@fs(~/monty)[530]: ./montyhall
変更無しでの勝率は 0.334
変更ありでの勝率は 0.670
```

つまり，変更したほうが 2 倍近く得をすることになります。この結果は予想できましたか？

この問題は次のように場合を分けて考えると納得できると思います。

1. 扉を変えないとき，扉は三つあるので勝つ確率は 1/3 である。

2. 扉を変えるとき，ヤギにそれぞれ 1 と 2 の番号を付ける。最初に扉を選ぶ際に，等確率の三つの場合がある。

　　(a) 車の扉に立つ。扉を変えれば負ける。

　　(b) 1 番のヤギのいる扉に立つ。司会者は 2 番の扉を開ける。扉を変えると，車の前に立つことになって勝てる。

　　(c) 2 番のヤギのいる扉に立つ。

3. よって，三つのうち望ましい結果は二つで，2/3 で勝てる。

以上のことから，扉を変更すると当たる確率が倍になることが分かります。

では，数学的に証明してみましょう。

証明 A, C を扉 A，C が当たりの事象，E を扉 B が開くという事象とする。こ

[†] ポール・エルデシュほどの数学者でも，問題を取り違えただけではなく，正しい答えをしばらく認めなかったとされる[52]。本章の冒頭の引用を参照されたい。

のとき，扉 B が開かれたときに扉 A が当たりである確率 $P(A \mid E)$ と，扉 B が開かれたときに扉 B が当たりである確率 $P(B \mid E)$ は，それぞれ

$$P(A \mid E) = \frac{P(A) \cdot P(E \mid A)}{P(A) \cdot P(E \mid A) + P(B) \cdot P(E \mid B)}$$
$$= \frac{(1/3) \cdot (1/2)}{(1/3) \cdot (1/2) + (1/3) \cdot 1} = \frac{1}{3}$$
$$P(B \mid E) = \frac{P(B) \cdot P(E \mid B)}{P(A) \cdot P(E \mid A) + P(B) \cdot P(E \mid B)}$$
$$= \frac{(1/3) \cdot 1}{(1/3) \cdot (1/2) + (1/3) \cdot 1} = \frac{2}{3}$$

である。

よって扉 C に変更するほうが当たる確率が倍になることが証明された。 □

【練習問題 3.3 ★】 モンティ・ホール問題

より直観的な説明として，扉が 100 個（たくさん）あったとしてみましょう。次のそれぞれの場合に，扉を変更するほうがよいのかどうかを考えてください。
1. 司会者が選ばれていない 99 枚の扉のうちの 1 枚のみを開く場合。
2. 司会者が選ばれていない 99 枚の扉のうちの 98 枚を開く場合。

3.4 Kruskal カウント：マジックは好きですか？

Uiz Kruskal カウントのマジック

トランプのカードの束を用意して，カードを切ります。そして 1 から X の間で一つの数 n をランダムに決めます。このあとで次のことを繰り返して行います。これを Kruskal カウントと呼びます[†]。

カード束の上から順に n 枚のカードを引く。最後に引いたカードの数字が m だったら，次は m 枚のカードを引き，同様に束が終わ

[†] プリンストン大学の数学者マーティン・クラスカル（Martin Kruskal（1925–2006））が考案したとされる。

3.4 Kruskal カウント 79

> るまで行う。最終的に，残りカードが足りなくてカードが引けなく
> なったときのカードを覚えておく。そのカードを「最終カード」と
> 呼ぶ。
>
> 無作為に選択された最初の数からはじめるので，すべてはまったく偶
> 然のように思われます。しかし，不思議なことに，かなり高い確率で「最
> 終カード」は同じカードになります[49]。なぜか考えてみましょう。

例えば，クラブ，ハート，スペード，ダイヤの四つの記号のそれぞれの，A（1 とする），2, 3, 4, 5 の 20 枚のカードの束で，1 から 5 の間で一つの n を決めるとしましょう。次のような順でカードが並んでいるとすると

352343A35A2524A2A454

最終カードはいつも最後から 3 番目の 4 となります（**図 3.3**）。

もちろんカードの並び方によるのでいつも一致するとは限りません。ただし高い確率で一致するのです。このことを実験で確かめてみます。

すべてのカード（52 枚，ジョーカーを除く）について，1 から 10 の間で一つの n を決めるとしましょう（つまり Quiz の $X = 10$）。ただし A は 1 です。では，以下の条件で実験を行ってみます。

条件 1 J, Q, K にそれぞれ 11, 12, 13 の値を割り当てるとき。

条件 2 J, Q, K にそれぞれ 10 の値を割り当てるとき。

条件 3 J, Q, K にそれぞれ 5 の値を割り当てるとき。

カードを切って，ランダムに n の値を二つ選び，「最終カード」が同じになる確率を求めます。【プログラム A.33】には Kruskal カウントを実行するプログラムを示しています。なお，カードを切るシミュレーションには，Fisher-Yates シャッフルのアルゴリズムを利用します（47 ページ参照）。次のように，実験の結果から，条件 3 では約 85% の確率で「最終カード」が一致することが分かります（1 000 回の繰り返し実験によるもの）。ほかの場合も 7 割近くで一致します。

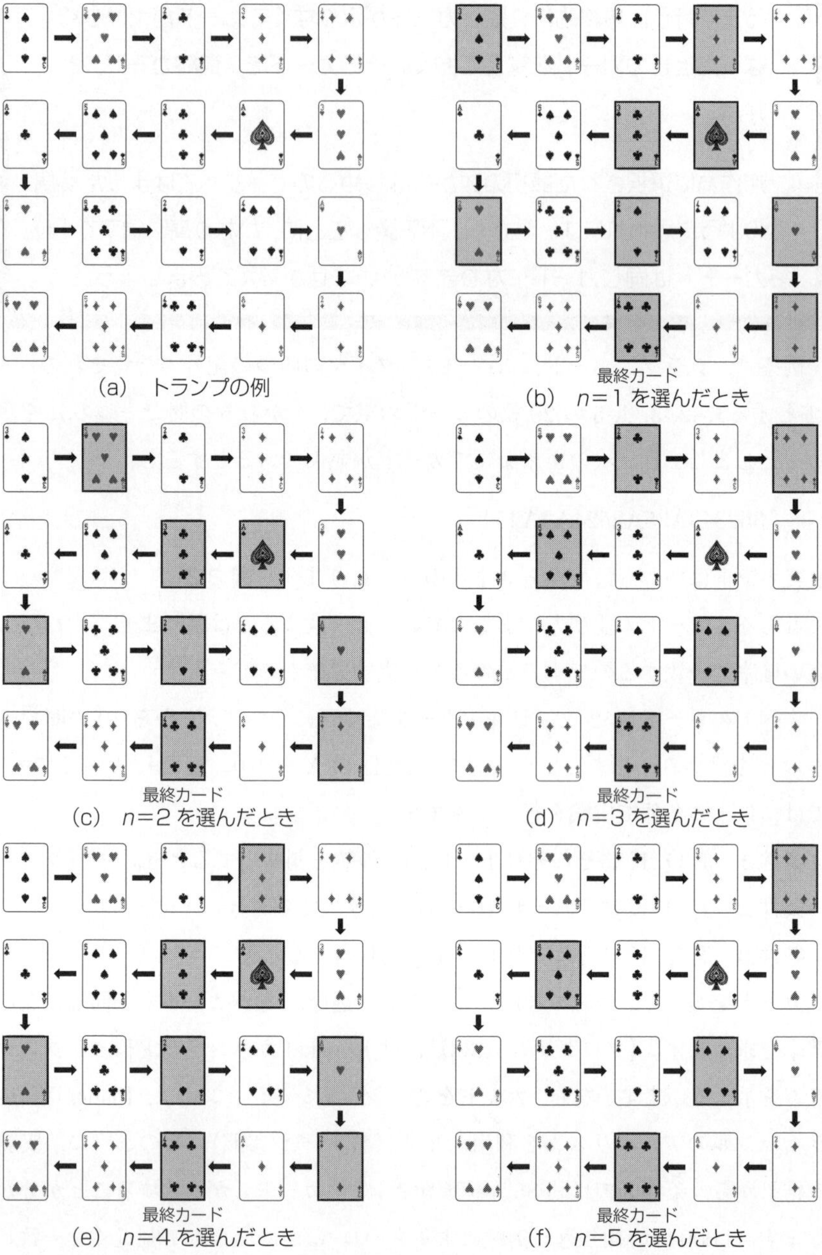

80　　3. 確率の難問に挑もう

(a) トランプの例

(b) $n=1$ を選んだとき　最終カード

(c) $n=2$ を選んだとき　最終カード

(d) $n=3$ を選んだとき　最終カード

(e) $n=4$ を選んだとき　最終カード

(f) $n=5$ を選んだとき　最終カード

図 3.3 Kruskal カウント

【出力例 3.3】 Kruskal カウント

```
iba@fs(~/kruskal)[524]: gcc -o kruskal kruskal.c -lm
iba@fs(~/kruskal)[524]: ./kruskal
JQK = 11,12,13   : 68.226000%
JQK = 10         : 71.185000%
JQK = 5          : 84.212000%
```

では，なぜ「最終カード」は一致するのでしょうか？ 確率論的に考えてみましょう[42]。簡単のため二つの状態（「一致」と「不一致」）のみを考えます（図3.4）。二人のプレイヤー1とプレイヤー2で52枚のカードを順にカウントのルールに従って見ていきます。両者が同じカードに止まって「一致」すれば，それ以降も「一致」し続けます。もし「不一致」であればルールに従って次のカードを見ます。このとき，「不一致」から「一致」への推移確率を考えましょう。

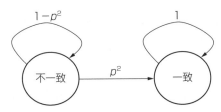

図 3.4 Kruskal カウントの状態遷移

ランダムに並べてあるカードを適当に1枚取るときの数字の期待値は

$$m = \frac{1+2+\cdots+10+J+Q+K}{13}$$

です。ここで JQK は条件によって変わります。すると $p = 1/m$ は1枚目のカードの数字を見て2枚目のカードの位置にジャンプする確率（平均の m だけ進む確率）です。そのジャンプした位置で二人が一致する確率は p^2 となります。つまり，「不一致」から「一致」への推移確率は p^2，「不一致」から「一致」への推移確率は $1-p^2$ となります（図3.4）。これから52枚のカードのどこかで一致する確率は，すべての場所での不一致の余事象を考えると

$$1 - (1 - p^2)^{52}$$

となります[80]。**表3.4** には実測値と理論値を比較しています。理論値1が上式によるものです。若干の違いはありますが，実測値とおおむね一致しています。マルコフ過程を用いた Kruskal カウントのモデルはほかにもさまざまに研究されています。表3.4の理論値2は文献[71]に基づくもので，より正確な理論値を提供します。また文献[80]にはカードの値の出現確率（幾何分布や一様分布）を考慮した詳細な議論が与えられています。

表 3.4 Kruskal カウントの理論値と実測値（%値）

	条件 1 JQK = 11, 12, 13	条件 2 JQK = 10	条件 3 JQK = 5
実測値【プログラム A.33】	68.2	71.2	84.2
理論値 1（文献[80]）	65.8	70.8	83.9
理論値 2（文献[71]）	65.9	71.2	70.8

文献[71]に基づいて理論値を計算してみましょう。ここでは，以下のようにモデル化します。

- 無限のカードがある。
- すべてのカードは1から m の値を等しい確率で取る。
- x_i をプレイヤー1のめくるカードの列とする。
- y_i をプレイヤー2のめくるカードの列とする。
- y_i と y_i より後ろにある最も近いプレイヤー1のカード x_l との距離を d_i とする。

最初に選ぶ数が n_1，n_1 枚目のカードが n_2，そこから n_2 枚目のカードが n_3，… などとなったとき，めくるカード列は $n_1, n_1 + n_2, n_1 + n_2 + n_3, \cdots$ となります。距離 d_i をマルコフ過程[†]の状態とすると，カードの値が1から m までであれば，$0 \leqq d_i < m - 1$ です。そのため確率推移行列 M は m 行 m 列で表現できます。とくに $d_i = 0$ の状態は，x_i, y_i が一致している吸収状態となって

[†] マルコフ過程の詳細については文献[5]または本書の 96 ページを参照。

3.4 Kruskal カウント **83**

います。このとき，$0 < i < m-1$ に対して，M の各要素について以下の式が
成り立ちます。

$$M_{i,i} = \left(1 + \frac{1}{m}\right) M_{i+1,i} - \frac{1}{m} \qquad (3.10)$$

$$M_{i,j} = \left(1 + \frac{1}{m}\right) M_{i+1,j} \ \ (i \neq j) \qquad (3.11)$$

$$M_{0,j} = 0 \qquad\qquad (j > 0) \qquad (3.12)$$

$$M_{m-1,j} = \frac{1}{m}\left(1 + \frac{1}{m}\right) \qquad (j = 0, \cdots, m-2) \qquad (3.13)$$

$$M_{0,0} = 1 \qquad (3.14)$$

$$M_{m-1,m-1} = \frac{1}{m^2} \qquad (3.15)$$

✏️ **【練習問題 3.4 ★】** **Kruskal カウントの理論**

式 (3.10)〜(3.15) が成り立つことを示して，この条件での Kruskal カウント
の理論値を求めてください（表 3.4 の理論値 2）。

3

確率の難問に挑もう

4 論理パズルを読み解く

何も考えなかった。私はただ実験したのです（ヴィルヘルム・コンラート・レントゲンが「X線を発見したとき何を考えたか？」と聞かれて答えた言葉）。

4.1 100囚人の問題：プログラミングに群論を

Quiz 100囚人の問題

王国の監獄に 100 人の囚人がつかまっています。囚人には 1 から 100 までの異なる番号が付けられています。ある部屋に 100 個の箱が一列に並んで置かれていて，各自の番号（1〜100）が箱に一つずつ入っているとします。ただし箱を開けないと入っている番号は分かりません。気まぐれな王様は次のように宣告しました。

「おまえたち囚人のそれぞれが別々に部屋に入って 50 個までの箱を覗いてよい。それに自分の番号があれば全員を釈放しよう。」

これを聞いて囚人は喜びました。しかしそれは次の言葉まででした。

「ただし，すべての囚人が成功した場合のみだ。一人でも失敗すれば終わりだ。全員を処刑する。」

このとき何かよい戦略はあるでしょうか？

この問題では，囚人には前もって戦略の構想を練る機会がありますが，ひとたびだれかが部屋に入れば一切のコミュニケーションは許可されません。

少し考えてみると，囚人にとって状況は絶望的です。実際，ランダムに全員

4.1 100囚人の問題：プログラミングに群論を

がトライすれば，釈放される確率は以下のようになります．

$$\frac{1}{2^{100}} = 0.000\,000\,000\,000\,000\,000\,000\,000\,000\,000\,8$$

ところが驚くべきことに，30%の確率を超えて成功する戦略があります．この戦略は次のようなものです．

> **囚人の賢い戦略**
> - 左から数えて自分の番号になる箱を最初に開けろ．
> - もしそれがはずれであれば，次はその箱に入っていた番号の箱を開けろ．
> - はずれている限り，これを繰り返せ．

この戦略を【プログラムA.34】のシミュレーションで試してみました．するとたしかに3割を超える成功確率でした．

【出力例4.1】 100囚人の問題

```
iba@fs(~)[515]: ./group
囚人の数=10    釈放される確率= 0.352740
囚人の数=100   釈放される確率= 0.310350
囚人の数=1000  釈放される確率= 0.307850
```

どうしてこのような成功確率が得られたかを説明しましょう[27]．これには群論（置換群）の基礎知識が必要ですが，理解するのは簡単です．試しに4人の囚人の場合を考えてみましょう．このとき囚人が開けられる箱の数は2です（3個以上開けると処刑される）．ここで箱の中に入っている番号を左から右に四つの数字で表します．例えば(2 3 4 1)は，一番左の箱に2が，その右の箱に3が入っていることを示します．このとき，囚人たちが上の戦略を取ったらどうなるでしょうか，見てみましょう．

- 1番目の囚人は，まず2を引く
- 次に2番目の箱の3を引く
- 次に3番目の箱の4を引く

86 4. 論理パズルを読み解く

- 次に 4 番目の箱の 1 を引く

最後にやっと当たりますが，残念ながらこのとき処刑されてしまいます。

一方 (3 4 1 2) のときにはどうなるでしょう。

- 1 番目の囚人は，まず 3 を引く

- 次に 3 番目の箱の 1 を引いて，当たり

同様に，ほかの囚人も必ず 2 回目で当たることが確かめられます。

4 人の囚人の場合に，箱の中に囚人の番号を配置する方法は 4! = 24 通りです。このそれぞれの配置は，**表 4.1** のように巡回置換† の積として表現されます。

表 4.1　4 次の対称群

箱の数列	巡回置換	最大の長さ
(1 2 3 4)	e	1
(1 2 4 3)	(3 4)	2
(1 3 2 4)	(2 3)	2
(1 3 4 2)	(2 3 4)	3
(1 4 2 3)	(2 4 3)	3
(1 4 3 2)	(2 4)	2
(2 1 3 4)	(1 2)	2
(2 1 4 3)	(1 2)(3 4)	2
(2 3 1 4)	(1 2 3)	3
(2 3 4 1)	(1 2 3 4)	4
(2 4 1 3)	(1 2 4 3)	4
(2 4 3 1)	(1 2 4)	3
(3 1 2 4)	(1 3 2)	3
(3 1 4 2)	(1 3 4 2)	4
(3 2 1 4)	(1 3)	2
(3 2 4 1)	(1 3 4)	3
(3 4 1 2)	(1 3)(2 4)	2
(3 4 2 1)	(1 3 2 4)	4
(4 1 3 2)	(1 4 2)	3
(4 1 2 3)	(1 4 3 2)	4
(4 3 1 2)	(1 4 2 3)	4
(4 3 2 1)	(1 4)(2 3)	2
(4 2 1 3)	(1 4 3)	3
(4 2 3 1)	(1 4)	2

---

†　$a_1 \to a_2, a_2 \to a_3, a_3 \to a_4, \cdots, a_k \to a_1$ のように変わり，ほかのものが不変であるような k 個の置換を巡回置換と呼び，$(a_1 a_2 a_3 a_4 \cdots a_k)$ と書く。k は巡回置換の長さである。

例えば $(2\ 3\ 4\ 1)$ は，$1 \to 2 \to 3 \to 4 \to 1$ となるので，巡回置換としては $(1\ 2\ 3\ 4)$ となります。

また $(3\ 4\ 1\ 2)$ は，$1 \to 3 \to 1$ と $2 \to 4 \to 2$ なので，巡回置換としては $(1\ 3)$ $(2\ 4)$ となります。

巡回置換の最大の長さが箱を開ける数の最大値です。表 4.1 から，巡回置換の長さが 2 以下のものは 10 個なのが分かります。したがって，確率的には $10/24 \fallingdotseq 41\%$ で生き残ることができます。

n 個のものからなる置換（総数は $n!$）をランダムに取り上げたときに，長さ i の巡回置換となる確率 H_i^n を求めてみましょう。この確率は，大きさ i の集合の数，つまり

$$\binom{n}{i}$$

に，与えられた大きさ i の集合が $\{1, 2, 3, \cdots, n\}$ のランダムな長さ i の巡回置換で得られる確率 $((i-1)! \cdot (n-i)!/n!)$ を掛けたものとなります[†]。すなわち

$$H_i^n = \binom{n}{i} \times \frac{(i-1)!(n-i)!}{n!} = \frac{1}{i}$$

となります。

このことから，4 人の囚人の場合には，処刑される確率は

$$H_3^4 + H_4^4 = \frac{1}{3} + \frac{1}{4} \fallingdotseq 0.583\,33\cdots$$

なので，生き残る確率は $0.416\,666$ となり実験結果と一致します。

100 人の囚人の場合には，処刑される確率は

$$H_{51}^{100} + H_{52}^{100} + \cdots + H_{100}^{100} = \frac{1}{51} + \frac{1}{52} + \cdots + \frac{1}{100}$$

です。一般に，n 人の囚人で，処刑される確率は

[†] 長さ i の巡回置換の数は，最初の文字を固定して考えると $(i-1)!$ 通りある。さらにそれぞれに対して，残りの $n-i$ 文字の順列が $(n-i)!$ 通りある。分母の $n!$ は n 個のものからなる順列の総数である。

$$H^n_{[n/2]+1} + H^n_{[n/2]+2} + \cdots + H^n_n$$
$$= \frac{1}{[n/2]+1} + \frac{1}{[n/2]+2} + \cdots + \frac{1}{n} \tag{4.1}$$

となります。ただし $[x]$ は x の整数部分です。

囚人が助かる確率を n のさまざまな値で求めてみると**図 4.1** のようになりました。例えば 100 人のときは 0.311 828 です。つまり 3 割以上の確率で釈放されます。

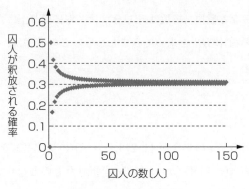

図 4.1 囚人が助かる確率

【練習問題 4.1 ★】 囚人が助かる確率

式 (4.1) は n が大きくなると $\log 2 \fallingdotseq 0.693$ に近づくことを示してください。したがって，囚人の人数が多くなると，3 割を超える確率で釈放されることになります。

4.2　truel：3 人で決闘をしてみたら…

Quiz truel で勝ち残る方法

決闘は 2 人ですると決まっているわけではありません。3 人以上で決闘することも考えられます。例えば，1966 年の西部劇『続・夕陽のガ

4.2 truel：3人で決闘をしてみたら… **89**

ンマン』（クリント・イーストウッド主演）では，3人で決闘する有名な
シーンがあります。通常の2人でする決闘を duel と言いますが，3人
でする決闘を truel，一般に *N* 人でする決闘を *N*uel と言います[75]。こ
こでは，truel で勝ち残る方法について考えてみましょう。

truel には意外な事実があります。例えば，著名な計算機科学者のドナルド・
クヌース[†]は，決闘に臨んだ3人すべてにとって最適な戦略は皆が空に撃ち続け
ることであることを示しています[76]。

ここで，決闘する3人（A, B, C とする）の能力（射撃の上手さ）が異なり，
A > B > C の順で上手だとしましょう。このとき，C はどうすれは生き残り
の確率が最大になるでしょうか？ また，だれが最も不利でしょうか？

直観的に考えると C が最も不利に思えますが，射撃の順番によってはそうな
らないことを以下では見ていきます。

truel にはさまざまな形態があり，代表的なものとして以下の三つの種類を扱
います。

- sequential firing (fixed order)：例えば A, B, C, A, B, C, A, ... のよ
  うにプレイヤーは決まった順番に一人ずつ撃つ。
- sequential (random order)：生き残った者からランダムな順番で撃つ。
- simultaneous：すべてのプレイヤーが同時に撃つ。

簡単な sequential firing の例を見てみましょう（**図 4.2**）。なお一回の（全員
が撃つ）射撃をラウンドと呼びます。次の条件を考えてみます（図 (a)）。

- 各プレイヤーの正確さ（射撃力）は 100％とする（図 (a)）。
- 各プレイヤーが順番に撃つ。
- 順番は A B C A B C…の順とする。

このとき次のように決闘は進行します。

[†] 数学者・計算機科学者，Donald Ervin Knuth（1938–）。スタンフォード大学名誉教
授。『The Art of Computer Programming』の著作は計算機科学を学ぶためのバイブ
ルである。

90   4. 論理パズルを読み解く

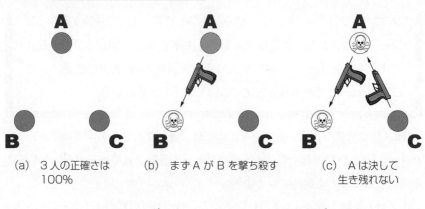

(a) 3人の正確さは100%
(b) まずAがBを撃ち殺す
(c) Aは決して生き残れない

(d) Aは空に向かって撃つ   (e) Aは生き残れる

図 4.2 truel (sequential firing) の例

1. まずAがBを撃ち殺す（図 (b)）。
2. 次にCがAを撃ち殺す。
3. したがって，Aは決して生き残れない（図 (c)）。

ところが，Aには別の戦略があります。

1. Aは空に向かって撃つ（図 (d)）。
2. 次にBは自分の脅威であるCを撃つ。
3. 次にAはBを撃つので，Aは生き残れる（図 (e)）。

より興味深い例として，次のような truel を考えてみましょう。

- 3人の射撃の能力が異なる。
    - $P(A) = 90\%$

$$-\quad P(B) = 70\%$$

$$-\quad P(C) = 50\%$$

- 空中には撃てない。

- simultaneous firing（同時に撃つ）

1 ラウンドの結果は，だれも生き残れないから全員生き残るまでのどれかです。
つまり

$$\{A\}, \{B\}, \{C\}, \{A, B\}, \{B, C\}, \{A, C\}, \{A, B, C\}, \phi$$

のうちの一つとなります（生き残ったプレイヤーを要素とする）。では，何ラウンドも続けた場合にはどうなるでしょうか？

📝【練習問題 4.2 ★★】 truel のシミュレーション

truel のシミュレーションを作ってみましょう。パラメータとして

- sequential または simultaneous か。
- Acc（accuracy）：射撃の正確さ。
- Str（strategy）：プレイヤーの戦略（一番上手いプレイヤーを撃つ / 一番下手なプレイヤーを撃つ / ランダムに撃つ）。
- 空に撃てるか，否か。

を設定できるようにします。出力は 10 000 回のラウンドで生き残った回数を表示します。**表 4.2** には truel のシミュレーション結果を示します。Win A, Win B, Win C はそれぞれ A, B, C が生き残った回数を，None は全員が死亡した回数です。

さて，先ほどの条件でシミュレーションをしてみると，**図 4.3** のようになりました。この図にある二つの表は，上が A の目標を C としたとき，下が A の目標を B としたときを示しています。各表では，縦に B の目標を，横に C の目標を記しています。この結果から，以下の戦略が分かります。

- 相手二人がともに自分を狙うなら，上手なほうを最初に撃つべき。

- 相手二人が相撃ちをする場合でも，上手なほうを最初に撃つべき。

では次に弾丸が有限の場合を考えましょう[62]。このときマルコフ過程を利用してより厳密な解析を行うことができます。以下では具体的な例をもとにして

4. 論理パズルを読み解く

表 4.2 truel のシミュレーション結果

	accuracy			strategy			win			
	Acc A(%)	Acc B(%)	Acc C(%)	Str A	Str B	Str C	Win A	Win B	Win C	None
sequential	91	90	89	best	best	best	944	168	8888	0
	91	90	89	worst	best	best	835	8443	722	0
	91	90	89	best	worst	best	1677	133	8190	0
	91	90	89	worst	worst	best	1601	8395	4	0
	91	90	89	best	best	worst	966	92	8942	0
	91	90	89	worst	best	worst	926	8333	741	0
	91	90	89	best	worst	worst	1724	78	8198	0
	91	90	89	worst	worst	worst	1726	8271	3	0
simultaneous	91	90	89	best	best	best	12	113	9057	818
	91	90	89	worst	best	best	11	9098	92	799
	91	90	89	best	worst	best	942	789	809	7460
	91	90	89	worst	worst	best	11	9137	85	767
	91	90	89	best	best	worst	105	15	9041	839
	91	90	89	worst	best	worst	804	897	763	7536
	91	90	89	best	worst	worst	9048	6	87	859
	91	90	89	worst	worst	worst	8960	85	7	948

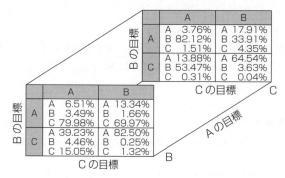

射撃の正確さ：A 90%, B 70%, C 50%

図 4.3 simultaneous truel での生存確率

説明します。なお，マルコフ過程の詳細については文献[5]を参照してください。

3人のプレイヤー A, B, C の truel において，射撃の正確さ（射撃力）が各自で異なり，持っている弾丸の数は有限とします。ここでそれぞれの射撃の的中率と弾丸数を

A：射撃力 $P(A) = p_a = 1 - q_a$, 　弾丸数 $= 1$

B：射撃力 $P(B) = p_b = 1 - q_b$, 　弾丸数 $= 2$

C：射撃力 $P(C) = p_c = 1 - q_c$,　弾丸数 $= 6$

としましょう。ただし，空中には撃てないとします。以下では，simultaneous truel を想定します（同時に撃つ）。さらに生き残っている各プレイヤーは最も手強い敵を撃つとしましょう。

すると，truel は次のように進行していきます。各ラウンドでのマルコフ過程における推移確率行列は**表 4.3〜4.5** に表示されています。

ラウンド 1（図 4.4）：推移確率行列 T_1 は表 4.3 参照。

A：弾丸数 $= 1$ で，B を撃つ。

B：弾丸数 $= 2$ で，A を撃つ。

C：弾丸数 $= 6$ で，A を撃つ。

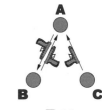

図 4.4

表 4.3　truel のマルコフ過程における推移確率行列（ラウンド 1）

T_1	(A,B,C)	(A,B,-)	(A,-,C)	(-,B,C)	(A,-,-)	(-,B,-)	(-,-,C)	(-,-,-)
(A,B,C)	$q_a q_b q_c$	0	$p_a q_b q_c$	$q_a(1-q_b q_b)$	0	0	$p_a(1-q_b q_c)$	0
(A,B,-)	0	$q_a q_b$	0	0	$p_a q_b$	$q_a p_b$	0	$p_a p_b$
(A,-,C)	0	0	$q_a q_c$	0	$p_a q_c$	0	$q_a p_c$	$p_a p_c$
(-,B,C)	0	0	0	$q_b q_c$	0	$p_b q_c$	$q_b p_c$	$p_b p_c$
(A,-,-)	0	0	0	0	1	0	0	0
(-,B,-)	0	0	0	0	0	1	0	0
(-,-,C)	0	0	0	0	0	0	1	0
(-,-,-)	0	0	0	0	0	0	0	1

ラウンド 2（図 4.5）：推移確率行列 T_2 は表 4.4 参照。

A：弾丸数 $= 0$

B：弾丸数 $= 1$ で，A を撃つ。

C：弾丸数 $= 5$ で，A を撃つ。

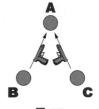

図 4.5

表 4.4 truel のマルコフ過程における推移確率行列（ラウンド 2）

T_2	(A,B,C)	(A,B,-)	(A,-,C)	(-,B,C)	(A,-,-)	(-,B,-)	(-,-,C)	(-,-,-)
(A,B,C)	$q_b q_c$	0	0	$1-q_b q_c$	0	0	0	0
(A,B,-)	0	q_b	0	0	0	p_b	0	0
(A,-,C)	0	0	q_c	0	0	0	p_c	0
(-,B,C)	0	0	0	$q_b q_c$	0	$p_b q_c$	$q_b p_c$	$p_b p_c$
(A,-,-)	0	0	0	0	1	0	0	0
(-,B,-)	0	0	0	0	0	1	0	0
(-,-,C)	0	0	0	0	0	0	1	0
(-,-,-)	0	0	0	0	0	0	0	1

ラウンド 3（**図 4.6**）：推移確率行列 T_3 は表 4.5 参照。

A：弾丸数 $= 0$

B：弾丸数 $= 0$

C：弾丸数 $= 4$ で，A を撃つ。

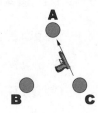

図 4.6

表 4.5 truel のマルコフ過程における推移確率行列（ラウンド 3）

T_3	(A,B,C)	(A,B,-)	(A,-,C)	(-,B,C)	(A,-,-)	(-,B,-)	(-,-,C)	(-,-,-)
(A,B,C)	q_c	0	0	p_c	0	0	0	0
(A,B,-)	0	1	0	0	0	0	0	0
(A,-,C)	0	0	q_c	0	0	0	p_c	0
(-,B,C)	0	0	0	q_c	0	0	p_c	0
(A,-,-)	0	0	0	0	1	0	0	0
(-,B,-)	0	0	0	0	0	1	0	0
(-,-,C)	0	0	0	0	0	0	1	0
(-,-,-)	0	0	0	0	0	0	0	1

なお表では，生き残っているプレイヤーの 3 つ組で状態を表します。死んだプレイヤーは – となっています。例えば，ラウンド 1 で，全員が生き残る確率（状態 (A,B,C) から状態 (A,B,C) への推移確率）は $q_a q_b q_c$ となります。また，ラウンド 2 で，A のみが死んだ状態から B のみが生き残る状態へと移る確率（状態 (–,B,C) から状態 (–,B,–) への推移確率）は $p_b q_c$ となります。推移確率が 1 に対応する状態は吸収状態です。これらは (A,–,–), (–,B,–), (–,–,C), (–,–,–)

であり，一人のみが生き残る状態か，もしくはだれもいなくなった状態です。最初の状態からラウンド3までにどのような状態に移る可能性があるのかは，行列の積 $T_1 T_2 T_3$ を計算すれば求められます。

例えば，実際の値で計算してみると

A：射撃力 $P(A) = 100\%$, 　弾丸数 $= 1$

B：射撃力 $P(B) = 70\%$, 　弾丸数 $= 2$

C：射撃力 $P(C) = 30\%$, 　弾丸数 $= 6$

のときには，推移確率行列は**表 4.6** のようになります。

表 4.6　推移確率行列の例 (1)（最も手強い敵を撃つ場合）

	(A,B,C)	(A,B,−)	(A,−,C)	(−,B,C)	(A,−,−)	(−,B,−)	(−,−,C)	(−,−,−)
(A,B,C)	0	0	1.21%	0	0	0	98.79%	0
(A,B,−)	0	0	0	0	30%	0	0	70%
(A,−,C)	0	0	0	0	70%	0	0	30%
(−,B,C)	0	0	0	0.11%	0	61.45%	12.10%	38.79%
(A,−,−)	0	0	0	0	1	0	0	0
(−,B,−)	0	0	0	0	0	1	0	0
(−,−,C)	0	0	0	0	0	0	1	0
(−,−,−)	0	0	0	0	0	0	0	1

同じ仮定のもとで，各プレイヤーは残っている弾丸数が最多の敵を撃つという戦略を取った場合の推移確率行列は**表 4.7** のようになります。二つの行列の違いに注意してください。

表 4.7　推移確率行列の例 (2)（残っている弾丸数が最多の敵を撃つ場合）

	(A,B,C)	(A,B,−)	(A,−,C)	(−,B,C)	(A,−,−)	(−,B,−)	(−,−,C)	(−,−,−)
(A,B,C)	0	15%	0	0	50%	35%	0	0
(A,B,−)	0	0	0	0	30%	0	0	70%
(A,−,C)	0	0	0	0	50%	0	0	50%
(−,B,C)	0	0	0	0.14%	0	40.25%	19.36%	40.25%
(A,−,−)	0	0	0	0	1	0	0	0
(−,B,−)	0	0	0	0	0	1	0	0
(−,−,C)	0	0	0	0	0	0	1	0
(−,−,−)	0	0	0	0	0	0	0	1

4. 論理パズルを読み解く

ここで，再び弾丸が無限にあると仮定しましょう。このとき推移確率行列が得られると，吸収確率を計算することができます。吸収確率とは各吸収状態に最終的に吸収される確率で，これを求めると A,B,C それぞれが生き残る確率，あるいは全滅する確率が求められます。このために，推移確率行列を

$$P = \begin{bmatrix} I & O \\ R & Q \end{bmatrix} \tag{4.2}$$

と記述します。ただし

- $I : r \times r$ の単位行列
- $O : r \times (N - r)$ のゼロ行列
- $R : (N - r) \times r$ 行列
- $Q : (N - r) \times (N - r)$ 行列

です。ここで状態の総数を N とし，そのうち吸収状態の数は r，一時状態（吸収状態でない状態）の数は $N - r$ とします。すると，一時状態から吸収状態に推移する（つまり吸収される）確率の行列は MR となります。ただし

$$M = (I - Q)^{-1} \tag{4.3}$$

とし，この M のことを基本行列と呼びます（詳細は文献[5]参照）。前述のラウンド1（表4.3）の推移確率行列に関して，**表4.8** のように行列を分解します。

表 4.8 吸収確率の計算

$Q =$

	(A,B,C)	(A,B,−)	(A,−,C)	(−,B,C)
(A,B,C)	$q_a q_b q_c$	O	$p_a q_b q_c$	$q_a(1-q_b q_b)$
(A,B,−)	O	$q_a q_b$	O	O
(A,−,C)	O	O	$q_a q_c$	O
(−,B,C)	O	O	O	$q_b q_c$

$R =$

	(A,−,−)	(−,B,−)	(−,−,C)	(−,−,−)
(A,B,C)	O	O	$p_a(1-q_b q_c)$	O
(A,B,−)	$p_a q_b$	$q_a p_b$	O	$p_a p_b$
(A,−,C)	$p_a q_c$	O	$q_a p_c$	$p_a p_c$
(−,B,C)	O	$p_b q_c$	$q_b p_c$	$p_b p_c$

$$P = \begin{bmatrix} I & O \\ R & Q \end{bmatrix} \implies P_\infty = \begin{bmatrix} I & O \\ MR & O \end{bmatrix}$$

4.2 truel：3人で決闘をしてみたら… *97*

例えば，それぞれの射撃力がA：80%，B：50%，C：30%のときには**表4.9**のように計算されます。この吸収確率 MR を見てみましょう。一行目の確率を見ると，初期状態 (A,B,C) から A, B, C のそれぞれが生き残る確率は，19.60%，7.53%，61.24%となり，最も下手なCが一番生き残りやすいことが分かります。

表 4.9 吸収確率の計算例（A：80%，B：50%，C：30%のとき）

$Q =$

	(A,B,C)	(A,B,−)	(A,−,C)	(−,B,C)
(A,B,C)	0.07	0	0.28	0.13
(A,B,−)	0	0.1	0	0
(A,−,C)	0	0	0.14	0
(−,B,C)	0	0	0	0.35

$R =$

	(A,−,−)	(−,B,−)	(−,−,C)	(−,−,−)
(A,B,C)	0	0	0.52	0
(A,B,−)	0.4	0.1	0	0.4
(A,−,C)	0.56	0	0.6	0.24
(−,B,C)	0	0.35	0.15	0.15

$$M = (I = Q)^{-1} = \begin{bmatrix} 1.0735 & 0 & 0.3501 & 0.2151 \\ 0 & 1.1111 & 0 & 0 \\ 0 & 0 & 1.1628 & 0 \\ 0 & 0 & 0 & 1.5385 \end{bmatrix}$$

$MR =$

	(A,−,−)	(−,B,−)	(−,−,C)	(−,−,−)
(A,B,C)	19.60%	7.53%	61.24%	11.63%
(A,B,−)	44.44%	11.11%	0	44.44%
(A,−,C)	65.12%	0	6.98%	27.91%
(−,B,C)	0	53.85%	23.08%	23.08%

🖊️**【練習問題 4.3 ★★】**　truel（有限の弾丸）

A, B, C の射撃力や弾丸数が

A：射撃力 $P(A) = 100\%$，　弾丸数 $= 1$

B：射撃力 $P(B) = 70\%$，　弾丸数 $= 2$

C：射撃力 $P(C) = 30\%$，　弾丸数 $= 6$

とします。各プレイヤーは弾丸数が最も多い敵を撃つとしてどのようになるかをシミュレーションと理論的に示してください。

今度は，次のような sequential truel を考えてみます[87]。

- 3プレイヤー A, B, C で，射撃の能力は各自で異なる。
- 上手さは A > B > C の順で上手いとする。
- 射撃の的中率（射撃力）を p_a, p_b, p_c とする。
- 空中にも撃てる。

4. 論理パズルを読み解く

- 弾丸は各自十分にあるとする。
- sequential firing：生き残っている限り，C, B, A, C, B, A, ⋯ の順に撃つ。

ここで，P_{ij} を，プレイヤー i が j を撃つ確率とします。ただし，$i = $ A, B, C, $j = $ A, B, C, 0 です。0 は空を撃つことを意味します。例えば，P_{AB} は A が B を撃つ確率，P_{A0} は A が空を撃つ確率などとなります。当然 $P_{AB} + P_{AC} + P_{A0} = 1.0$ などが成立します。

この truel をマルコフ過程で考えてみましょう。可能な状態は，生き残ったプレイヤーの組合せを考えると，図 4.7 の表にあるように 12 状態となります。ただし太字は次に撃つプレイヤーです。これらを状態 0~11 のように表示します。例えば，状態 0 は 3 人ともまだ生き残っていて，次に撃つのは C である状態です。図のマルコフ過程の推移確率は次のようになります。

$$p_{01} = (1-c) + cP_{C0}, \quad p_{03} = cP_{CA}, \quad p_{04} = cP_{CB},$$
$$p_{12} = (1-b) + bP_{B0}, \quad p_{15} = bP_{BA}, \quad p_{16} = bP_{CA},$$
$$p_{20} = (1-a) + aP_{A0}, \quad p_{27} = aP_{AB}, \quad p_{28} = aP_{AC},$$

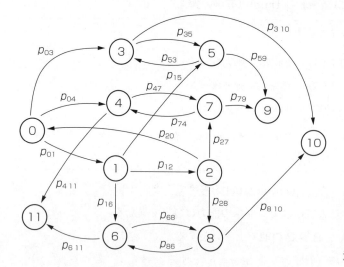

図 4.7 sequential truel のマルコフ過程

$$p_{35} = p_{86} = 1 - b, \qquad p_{3\,10} = p_{8\,10} = b,$$

$$p_{47} = p_{68} = 1 - a, \qquad p_{4\,11} = p_{6\,11} = a,$$

$$p_{53} = p_{74} = 1 - c, \qquad p_{59} = p_{79} = c$$

少し計算を要しますが，このマルコフ過程の吸収確率は以下のように与えられます。

C が生き残る確率 u_0^9
$$= \frac{1}{1 - p_{01}p_{12}p_{20}} \left[\frac{p_{59}(p_{03}p_{35} + p_{01}p_{15})}{1 - p_{35}p_{53}} + \frac{p_{79}(p_{04}p_{47} + p_{01}p_{12}p_{27})}{1 - p_{47}p_{74}} \right]$$

B が生き残る確率 u_0^{10}
$$= \frac{1}{1 - p_{01}p_{12}p_{20}} \left[\frac{p_{3\,10}(p_{03} + p_{01}p_{15}p_{53})}{1 - p_{35}p_{53}} + \frac{p_{01}p_{8\,10}(p_{16}p_{68} + p_{12}p_{28})}{1 - p_{68}p_{86}} \right]$$

A が生き残る確率 u_0^{11}
$$= \frac{1}{1 - p_{01}p_{12}p_{20}} \left[\frac{p_{4\,11}(p_{04} + p_{01}p_{12}p_{27}p_{74})}{1 - p_{47}p_{74}} + \frac{p_{01}p_{6\,11}(p_{16} + p_{12}p_{28}p_{86})}{1 - p_{68}p_{86}} \right]$$

上式で，u_k^j は k の状態から j の状態に吸収される確率です。

この結果を考察するのに，「均衡点」というゲーム理論の考え方を利用します。均衡点は次のように定義されます。

定義 4.1　均 衡 点

相手がその戦略を取るとき，自分もそれを取らないと必ず損をするような戦略を均衡点と呼ぶ。

この考えは，1994 年にノーベル経済学賞を受賞した，ジョン・ナッシュ（John Nash, 1928–2015）によるものです。彼は，ブラウアーの不動点定理を利用して，3 人以上の非協力ゲームは均衡点を必ず持つことを証明しました[†]。

[†]　2001 年のアメリカ映画『ビューティフル・マインド』はジョン・ナッシュの半生を描いたミステリー作品で多くのアカデミー賞を受賞した。その中には，「これでアダム・スミスが言おうとしていたことがすべて数学的に証明できることになったのだ」という興味深いセリフがある。

先の sequential truel では，次の結果が得られます．

$$g(a,b,c) = a^2(1-b)^2(1-c) = b^2 c - ab(1-bc) \tag{4.4}$$

とします．このとき以下が成り立ちます．

$g(a,b,c) > 0$ のとき $P_{AB} = P_{BA} = P_{CA} = 1$ が均衡点となる．

$g(a,b,c) < 0$ のとき $P_{AB} = P_{BA} = P_{C0} = 1$ が均衡点となる．

このことからもしも $g(a,b,c) < 0$ であるなら，C は空に撃つのがよい戦略となります．

さらに，**図 4.8** には，射撃力が $c < b < a = 1$ のときの生き残り率が最大であるプレイヤーをプロットしました．図で黒が A，赤が B，緑が C が生き残る確率が最大となることを示しています．図からわかるように A（黒）の面積が小さくなっています．つまり射撃力がよいことが必ずしも生き残り率の最大を意味しないのです．

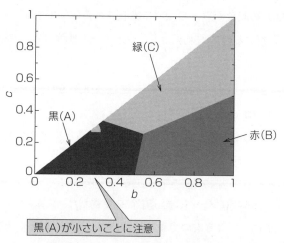

図 4.8 sequential truel の生き残り率

4.3　13日の金曜日は本当に多いのか？　　*101*

✏️【練習問題 4.4 ★★】　　**simultaneous truel**

A, B, C の射撃力が異なり（$A > B > C$ の順位でよい），同時に撃つ truel を
考えます。このとき，各自が一番上手な敵を撃つ戦略を取るとどのようになるか
をシミュレーションと理論的に示してください。例えば A,B,C の射撃力の違い
がわずか 91% > 90% > 89% のときにどうなるかを見てみると面白いでしょう。
また別の戦略（例えば最も下手な敵を撃つ）場合にはどうなるでしょうか？

4.3　13日の金曜日は本当に多いのか？

13日は金曜日になることが多いような気がしませんか？　これは本当でしょ
うか？　だからこそ13日の金曜日は忌み嫌われているのかもしれません。そ
れとも単に印象が強いだけでしょうか？

✏️【練習問題 4.5 ★】　　**13日の金曜日 (1)**

うるう年で，13日が金曜日になる月は最も多い場合で何回ありますか？　ま
たその年の1月1日は何曜日でしょうか？[†]

実際に，現在のグレゴリウス暦では，400年間で「13日」は4800回あり，
そのうち金曜日は688回です。ほかの曜日は，土，日，月，火，水，木が684,
687, 685, 685, 687, 684回なので一番多いという説があります[44]。

このことを検証してみましょう。曜日を求めるアルゴリズムとしては以下の
二つが知られています。

1.　ツェラーの公式

y 年 m 月 d 日の曜日を求める。ただし，1月と2月は，前年の13月，14
月として扱う。これはうるう年のときに2月の最後に29日が加わるが，
最後の月を2月（14月）にすることで扱いを容易にするためである。ま
た，紀元前 y 年は西暦 $1 - y$ 年とする。このとき，曜日 h は

[†]　この問題は中学受験用の問題集から採用した[55]。そこでは，グルグルカレンダーやお
化け日歴といった名称で，曜日や日数を計算をするテクニックが紹介されている。

$$h = \left(d + \left[\frac{26 \cdot (m+1)}{10}\right] + Y + \left[\frac{Y}{4}\right] + \Gamma\right) \pmod{7} \quad (4.5)$$

で求められる[†1]。ただし

$$\Gamma = \begin{cases} -2C + \left[\dfrac{C}{4}\right] & 1582 \leqq y & (\text{グレゴリウス暦のとき}) \\ -C + 5 & 4 \leqq y \leqq 1582 & (\text{ユリウス暦のとき}) \end{cases}$$

$$C = \left[\frac{y}{100}\right]$$

$$Y = y \pmod{100}$$

である。$[x]$ は x を超えない最大の整数である。C と Y は西暦の上 2 桁と下 2 桁を表す（$y = 100C + Y$ 年）。h は，0〜6 で土曜日〜金曜日を示す。

2. **doomsday[†2]に基づくアルゴリズム**

doomsday とは，どの年の中でも同じ曜日になる特別日のことであり，1/3(4), 2/28(29), 3/7, 4/4, 5/9, 6/6, 7/11, 8/8, 9/5, 10/10, 11/7, 12/12 が相当する（括弧内はうるう年の場合，a/b は a 月 b 日を示す）。これを用いると曜日の計算が容易になる。曜日を求めたい日を y 年 m 月 d 日としよう。

このとき，西暦 y 年の doomsday の曜日 h_d を以下の式で求める。

$$h_d = \left(\left[\frac{Y}{12}\right] + (Y \bmod 12) + \left[\frac{Y \bmod 12}{4}\right] + anchor\right) \pmod{7}$$
$$(4.6)$$

ただし anchor は（y 年の属する）世紀の初めの doomsday の曜日であり

$$anchor = (2 - 2 \times (C \bmod 4)) \pmod{7} \quad (4.7)$$

として求められる。$[x]$ は x を超えない最大の整数である。C と Y は西暦の上 2 桁と下 2 桁を表す（$y = 100C + Y$ 年）。

---

†1　mod は合同式である。7 ページ参照。

†2　最後の審判や世界の終りを意味する。

4.3 13 日の金曜日は本当に多いのか？ 103

その後，曜日を求めたい日（m 月 d 日）の曜日 h は m 月の doomsday の曜日から求めることができる。

$$h = h_d + d - (m \text{ 月の doomsday の日}) \ (\text{mod } 7) \qquad (4.8)$$

ただし h は，$0\sim6$ で日曜日〜土曜日を示す。ツェラーの公式とは割り当てが異なっているので注意すること。

例として，2016 年 2 月 25 日の曜日をそれぞれの方法で求めてみましょう。

1. ツェラーの公式

2016 年 2 月 25 日は 2015 年 14 月 25 日として考えます。このときの $Y = 15, C = 20$ であり，$m = 14, d = 25$ を公式に代入すると次のようになります。

$$\Gamma = -2 \times 20 + \left[\frac{20}{4}\right] = -40 + 5 = -35$$

$$h = 25 + \left[\frac{26 \times 15}{10}\right] + 15 + \left[\frac{15}{4}\right] + \Gamma$$

$$= 25 + 39 + 15 + 3 - 35 = 47 \equiv 5 \ (\text{mod } 7)$$

よって，木曜日となります。

2. doomsday に基づくアルゴリズム

2016 年 2 月 25 日の doomsday は 2 月 29 日です（うるう年に注意）。したがって

$$anchor = (2 - 2 \times (20 \ \text{mod} \ 4)) = 2 \ (\text{mod } 7)$$

$$h_d = \left(\left[\frac{16}{12}\right] + (16 \ \text{mod} \ 12) + \left[\frac{16 \ \text{mod} \ 12}{4}\right] + anchor\right)$$

$$= 1 + 4 + 1 + 2 = 8 \equiv 1 \ (\text{mod } 7)$$

$$h \ = 1 + 25 - 29 = -3 \equiv 4 \ (\text{mod } 7)$$

よって，木曜日となります。

104   4. 論理パズルを読み解く

　現在使われているのはグレゴリウス暦[†1]ですが，西暦 1582 年 10 月 4 日（木）まではユリウス歴[†2]が用いられていました。その翌日がグレゴリウス歴の 10 月 15 日（金）とされています。なお，グレゴリウス暦を採用するために，国によっていろいろな方法で何日かを削っています[45)]。例えば，イタリア，フランス，スペインでは，1582 年の 10 月 5 日から 14 日までを，イギリスとアメリカ・東部 13 州では，1752 年の 9 月 3 日から 13 日までを削りました。日本でのグレゴリウス暦導入は 1873 年です。移行日は前年の 12 月 3 日から 31 日を削除する形です。つまり 1872 年 12 月 2 日（火）がユリウス暦最終日であり，1873 年 1 月 1 日（水）がグレゴリウス暦初日となっています。以上のことから，実際には各国の事情や歴史を考慮しなくてはなりません。

　【プログラム A.35】にはツェラーの公式と doomsday をもとに曜日を計算するプログラムを示しています。以下の条件で実験をして，13 日は何曜日が最も多いかを調べてみましょう。

条件 1 日本でグレゴリウス暦を採用したのは 1873 年なので，1873 年 1 月 1 日（水）から現在（2015 年末）まで。

条件 2 西欧（の多くの地域）でグレゴリウス暦を採用したのは 1582 年なので，紀元 10 年 1 月 1 日から現在（2015 年末）まで。

条件 3 現在（2015 年末）から紀元後 4000 年 1 月 1 日までグレゴリウス暦が用いられたとき。

条件 4 現在（2015 年末）から紀元後 9999 年 1 月 1 日までグレゴリウス暦が用いられたとき。

結果を**表 4.10** に示します。表では最も多かった曜日を太字で表しています。条件 1 では日曜日や木曜日と同じ回数でしたが，いずれの場合でも金曜日が一番多くなっています。

[†1]　100 で割りきれる年は平年にし，さらに 400 で割り切れる年はうるう年にする。1 年は 365.242 5 日であり，ユリウス暦よりも精度が上がる。

[†2]　紀元前 45 年 1 月 1 日から使用された。4 年に一回うるう年を挿入する。1 年の長さは 365.24 日。誤差が蓄積したため，グレゴリウス暦に変更された。

4.4 三段論法推論：ソクラテスは死ぬか？   *105*

表 4.10　13 日の曜日の回数

	日	月	火	水	木	金	土
条件 1	**246**	245	245	244	**246**	**246**	244
条件 2	3441	3438	3438	3439	3437	**3443**	3436
条件 3	3406	3399	3397	3409	3391	**3412**	3394
条件 4	13710	13672	13670	13712	13650	**13731**	13651

✏ 【練習問題 4.6 ★】　13 日の金曜日 (2)

　このようなことを踏まえて，13 日の金曜日が本当に多いのかを検証してみましょう。検証方法としては

- ユリウス暦・グレゴリウス暦を双方考慮した計算値
- ウェブページや本，カレンダーソフトなどからの実測値データ
- 思考実験や自分の体験 数学的証明

などにより実測値の比較をしてみます。例えば

- 過去 400 年
- キリストが誕生してからの，2015 年間
- 過去 1 万年
- 過去 20 万年（ホモ・サピエンスの誕生以来）

について見てみましょう。

4.4　三段論法推論：ソクラテスは死ぬか？

次の論理的推論を考えてみましょう。

前提 1　すべての人間は死ぬ。

前提 2　ソクラテスは人間である。

結　論　よって，ソクラテスは死ぬ。

こうした二つの前提†から結論を導く推論を三段論法と呼んでいます。この推

---

†　前提 1 のことを大前提，前提 2 のことを小前提と呼ぶ。

106   4. 論理パズルを読み解く

論は簡単ですが，三段論法にはより複雑なものがあります。例えば，次のような三段論法を考えてみましょう。この結論は正しいでしょうか？　推論の過程を考慮しながら答えてください。

前提1　ある芸術家は養蜂家である。

前提2　ある養蜂家は化学者ではない。

結　論　ある化学者は芸術家である。

前提1　作家はだれも強盗ではない。

前提2　あるシェフは強盗である。

結　論　あるシェフは作家ではない。

前提1　ある芸術家は養蜂家である。

前提2　すべての化学者は養蜂家ではない。

結　論　ある芸術家は化学者ではない。

　結構手強いでしょう。実際に筆者が講義で学生に出題したところ，最高学府にもかかわらずその正答率は驚くほど低くなっています。

　三段論法の前提1（大前提）と前提2（小前提）には，それぞれ

● すべての○は×である。

● ある○は×である。

● どの○も×ではない。

● ある○は×ではない。

の4通りと○と×を逆にしたものを加えて，8通りがあります。そのためすべての三段論法の前提の組合せは $8 \times 8 = 64$ 通りです。**表4.11** にはこのすべてを記述しています。

　結論も上の4タイプで，○と×の逆なものも許すとすると，すべての組合せ

表 4.11　三段論法の可能なモデル

小前提：あるCはBではない	どのCもBではない	あるCはBである	すべてのCはBである	あるBはCではない	どのBもCではない	あるBはCである	すべてのBはCである	大前提
あるCはAでない‥12	どのCもAではない‥11 どのAもCではない‥6				どのAもCではない‥13 あるCはAでない‥2		すべてのAはCである‥14	すべてのAはBである
	あるAはCでない‥11				あるAはCでない‥10		あるCはAである‥2 あるAはCである‥15	あるAはBである
		あるCはAでない‥12	どのAもCではない‥9 どのCもAではない‥6			あるCはAでない‥9	あるCはAでない‥8	どのAもBではない
			あるAはCでない‥10					あるAはBではない
	あるAはCでない‥6	あるCはAである‥1 あるAはCである‥16	すべてのCはAである‥12	あるAはCでない‥12	あるAはCでない‥8	あるCはAである‥4 あるAはCである‥8	あるCはAである‥3 あるAはCである‥7	すべてのBはAである
	あるAはCでない‥9				あるAはCでない‥9	あるCはAである‥4 あるAはCである‥10	あるCはAである‥4 あるAはCである‥10	あるBはAである
		あるCはAでない‥12 どのCもAではない‥10 どのAもCではない‥5			あるCはAでない‥12	あるCはAでない‥8	あるCはAでない‥8	どのBもAではない
							あるCはAでない‥11	あるBはAではない

108   4. 論理パズルを読み解く

は $64 \times 8 = 512$ 通りです。表 4.11 は 512 通りの中での有効な結論（48 通り）を示しています[†]。例えば右上は

前提 **1**　すべての A は B である

前提 **2**　すべての B は C である

結　論　すべての A は C である：14

という単純な例を示します。その下は

前提 **1**　　　　ある A は B である。

前提 **2**　　　　すべての B は C である。

結論（その 1）　ある A は C である：15

結論（その 2）　ある C は A である：2

のように，有効な結論として二つがあることを示します。

　結論の後に書かれている数字が，この課題を 20 人の被験者に解かせたときに解答として得られた人数です。この数字が小さいほど人間にとって解きにくくなります。例えば，上の三段論法で「ある C は A である」という結論を導くのは人間にはきわめて難しいことが実験的に示されています[57]。なお結論に表示がないものは被験者の誰一人としてその結論を導けなかったことを示します。

前提 **1**　　　　ある B は A である。

前提 **2**　　　　すべての C は B である。

結論（その 1）　ある A は C である。

結論（その 2）　ある C は A である。

のような三段論法の結論は，人間が導出するのは困難なようです。

[†]　結論が「すべての○は×である」であるときには，「ある○は×である」も必ず成り立つ。ただし逆は成り立たない。同様に，結論が「どの○も×ではない」であるときには，「ある○は×ではない」も必ず成り立つ。

4.4 三段論法推論：ソクラテスは死ぬか？

　三段論法の推論過程をコンピュータ上で実現することを考えましょう。こうした論理的推論を人間の知能の基本原理と想定して，多くの AI の研究がなされています。例えば認知科学者ジョンソン・レイアード（Johnson Laird）は人間の推論方法の説明としてメンタルモデルという考え方を提唱しました。三段論法の推論方法としてよく知られているのはオイラー図やベン図です（**図 4.9**）。これは集合論に基づく数学的な説明として使用されますが，人間の思考過程の説明としては適当でありません。おそらく集合論をよく知らない人間はこの方法を使うことはないでしょう。また前述したように三段論法には難しいものと簡単なものがあります。この違いを集合論では上手く説明できません。

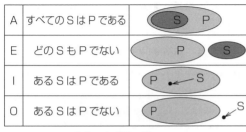 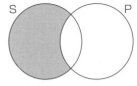

　　　　　　（a）オイラー図　　　　　　　　　（b）ベン図

図 4.9　オイラー図とベン図

　メンタルモデルは認知科学的に人間の思考を解明するためのモデルです。その基礎には
- 人は事態に対応するメンタルモデルを構築することによって解釈を行う。
- 反例モデルを構築することによって推論を行う。

という考え方があります。

　メンタルモデルでは，例えば次のような三段論法の前提に対して**図 4.10** のような記号的表象を構成して推論します。

前提 1　すべての作家は強盗である。
前提 2　ある強盗はシェフである。

---

4. 論理パズルを読み解く

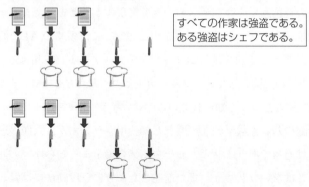

図 4.10 メンタルモデル

これをプログラムでシミュレートするために，前提になっている三つの種類について図 4.11 に示すように記述します。ここで，横 1 列が一つの個体であることに注意してください。また・・・は，ほかのタイプの個体があることを示します。また [ ] は網羅的に集合が表現されていることを示しています。

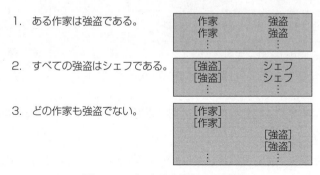

図 4.11 メンタルモデルでの表現

メンタルモデルでは二つの前提を結合して単一のモデルを生成します。例えば，ソクラテスの例と同じ単純な推論を考えてみましょう。

前提 1　すべての作家は強盗である。
前提 2　すべての強盗はシェフである。

このとき，図 4.12 のように結合されます。

4.4 三段論法推論：ソクラテスは死ぬか？

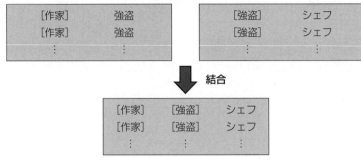

図 4.12　メンタルモデルでの推論 (1)

また次の三段論法では**図 4.13**のように結合されます。

前提 1　ある作家は強盗である。
前提 2　すべての強盗はシェフである。
結　論　ある作家はシェフである。

よってこの結論は，ほかにシェフでない作家がいる可能性と両立するため正しいと分かります。

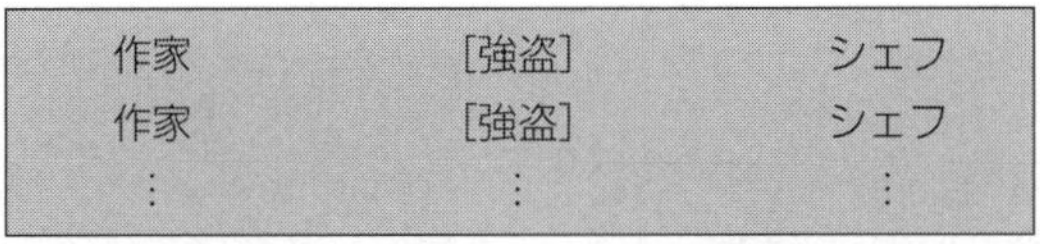

作家	[強盗]	シェフ
作家	[強盗]	シェフ
⋮	⋮	⋮

図 4.13　メンタルモデルでの推論 (2)

モデルの結合の仕方は複数ありえます。そのときはすべての結合モデルで結論が成立する必要があります。例えば次の三段論法では**図 4.14**にあるように二つのモデルが生成されます。

前提 1　すべての作家は強盗である。
前提 2　ある強盗はシェフである。
結　論　すべて作家はシェフである。

112　　4. 論理パズルを読み解く

(a) 結合モデル1

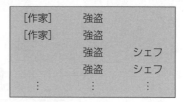
(b) 結合モデル2

図 4.14　メンタルモデルでの推論 (3)

ここで，結論はモデル1で成立しますが，モデル2では成立しません。したがって妥当な結論はないことになります。

より難しい例として次の三段論法を考えましょう。

前提1　ある強盗は作家である。
前提2　どの強盗もシェフでない。
結　論　ある作家はシェフでない。

この場合には三つのモデルが生成されます（**図 4.15**）。これらのモデルから導かれる結論例としては，モデル1では

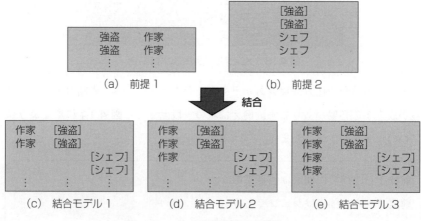

図 4.15　メンタルモデルでの推論 (4)

4.4 三段論法推論：ソクラテスは死ぬか？ 　　113

> 結論1　どの作家もシェフでない。
>
> 結論2　どのシェフも作家でない。

が，モデル2と3では

> 結論1　ある作家はシェフである。
>
> 結論2　あるシェフは作家である。
>
> 結論3　ある作家はシェフでない。
>
> 結論4　あるシェフは作家でない。

があります。このことから結論は導かれませんが，三つの可能なモデルのうち二つが成立しています。そのため多くの人間はこの推論で間違えるのです。

　このように，メンタルモデルによると，三段論法は問題によって生成される結合モデルの数が異なります。実際，生成されるモデル数は1から3までに渡ります。この数が多いほど人間にとっては難しく間違えやすいと考えられます。また，また導ける妥当な結論が存在しない問題も，モデルが一つだけのときより難しいとされています。

　なおレイアードらは，人間は三段論法すら上手くできないので，論理を中心に人工知能を構成することは困難だと主張しました。この詳細は文献[10],[57]を参照してください。

✎【練習問題 4.7 ★★★】　三段論法の推論システム

　メンタルモデルに基づいて三段論法の推論を実行するシステムを作成してみましょう。そして表 4.11 の有効な結論を確かめましょう。さらに
- 統合するモデルの数が増えることと難しさの相関。
- 妥当な結論がない場合の難しさ。

を比較・考察してみましょう。

5 進化の不思議を見てみよう

地球の歴史は地層に刻まれている。
生命の歴史は染色体に刻まれている（木原均，1946）。

5.1 モ ラ ン 過 程

Quiz モラン過程 (1)

袋の中に N 個の球があります。それらは黒か白の色で塗られています。
その袋から球をランダムに取り出して次のように交換してみましょう。

- ランダムに一つの球を取り出し，それを A とし，色を記録する。
- A を袋に戻す。
- ランダムに一つの球を取り出し，それを B とする。
- B の代わりに A の色の球を袋に戻す。B は袋に戻さない。

このとき交換を繰り返えすと，すべてが同色になることがあるでしょうか？　またそれはどのくらい先でしょうか？

この交換はモラン過程と呼ばれています。これはオーストラリアの集団遺伝学者パット・モラン（Pat Moran（1917–1988））にちなんで命名されたものです。以下ではモラン過程を何度か繰り返すことを考えます。

N 個の球のうち黒球の数が i 個のときを状態 i と呼びましょう（**図 5.1**）。そして 1 回の交換の過程で状態 i から状態 j に移る確率を $p_{i,j}$ とします。このとき，$p_{i,i-1}$，$p_{i,i}$，$p_{i,i+1}$ を N と i を用いて表してみましょう（本章での記述は文献[41]をもとにしている）。

まず 1 回の交換では次の 3 通りがあります。

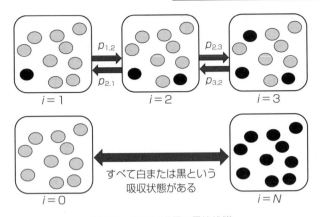

図 5.1 モラン過程の最終状態

- AとBとして黒の1個体が選択される：この事象の確率は $(i/N)^2$ である。このあとで状態 i は変化しない。
- AとBに白の1個体が選択される：この事象の確率は $((N-i)/N)^2$ である。このあとで状態 i は変化しない。
- Aに黒の1個体が，Bに白の1個体が選択される：この事象の確率は $i(N-i)/N^2$ である。このあと状態 i は状態 $i+1$ となる。
- Aに白の1個体が，Bに黒の1個体が選択される：この事象の確率は $i(N-i)/N^2$ である。このあと状態 i は状態 $i-1$ となる。

そこから

$$p_{i,i-1} = \frac{i(N-i)}{N^2} \tag{5.1}$$

$$p_{i,i} = 1 - p_{i,i-1} - p_{i,i+1} \tag{5.2}$$

$$p_{i,i+1} = \frac{i(N-i)}{N^2} \tag{5.3}$$

となることが分かります。

モラン過程にはそれ以上変化しない状態（吸収状態と呼ばれる）が二つあります。それはすべてが黒球（状態 N）か，すべてが白球（状態 0）になったときです。

5. 進化の不思議を見てみよう

ではどのくらいの確率でこの状態になるのかを考えてみましょう。状態 i が最終的に状態 N となる確率を x_i とします。これは最終的にすべての球が黒となる確率です。$x_0 = 0$ かつ $x_N = 1$ は明らかですが，x_i の漸化式を $p_{i,j}$ を利用して記述すると

$$x_i = p_{i,i-1} \cdot x_{i-1} + p_{i,i} \cdot x_i + p_{i,i+1} \cdot x_{i+1} \tag{5.4}$$

となります。式 (5.1)〜(5.3) を用いてこの式を解くと

$$x_i = \frac{i}{N} \tag{5.5}$$

が得られます。

モラン過程は有限集団の進化における淘汰を調べるための単純な確率モデルとなっています。集団の中には二つの種（白族と黒族）がいます。各時間ごとに二つの個体が選択されます。そのうち一つは繁殖し，そしてもう一つは除去（淘汰）されます。そして1番目の個体の子どもは2番目の個体に置き換わります。この二つのランダムな選択は同じ個体となることもあり，そのときにはある個体はそれ自身の子どもとなります。この集団ではサイズはつねに一定です。モラン過程での集団の最終状態（吸収状態）は，すべての球が同じ色になることです。これは一つの種が集団全体を占めた状態に相当します。このときには新たな突然変異がないかぎり，さらなる変化が起きることはありません（**図 5.2**）。

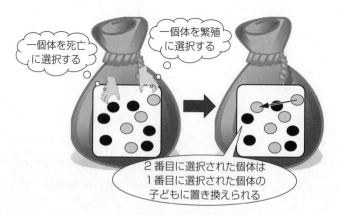

図 5.2　モラン過程

では，式 (5.5) の意味を考えてみましょう。一見すると，この式は当たり前のことを言っています。有限の集団では，十分に長い時間が経つと特定の個体の子孫が集団全体を占めるようになります。もしも生き残る確率が等しければ，すべての個体は同じ可能性となるはずです。

個体の生き残る確率のことを適合度と呼びます。適合度が等しいような状況では，どの個体の子孫も生き残って集団全体を占める確率（これを固定確率と呼ぶ）は等しく，集団数が N ならば $1/N$ となります。つまり集団内に突然変異で新たな個体が出現したときに，その個体が集団を占める確率は適合度が同じであれば $1/N$ です。

さて，適合度という言葉が出てきましたので少し説明しましょう。これは適応度，適応値とも呼ばれ，どのくらい環境に適しているかを表すものです。より正しくは，相対的ダーウィン適応度と呼びます。言い換えると，個体の繁殖の成功の度合い，つまりどのくらい多くの子孫を残すかを表すものです。つまり，多く子孫を残すほど高い繁殖成功度であり，高い適合度となります。この節の例ではすべての個体の適合度が等しいとしていました。次節ではより一般的な適合度による進化モデルについて説明しましょう。

5.2 遺伝子の固定確率

> **Quiz モラン過程 (2)**
>
> モラン過程の交換で選ばれる A の球について，一つの球当たり黒球が白球よりも r 倍選ばれやすいと仮定しましょう。ただし $r \neq 1.0$ です。B の球については黒球も白球も選ばれる確率は同じです。
>
> このときすべてが黒（または白）となる確率はどうなるでしょうか？

前節と同様に $p_{i,i-1}$, $p_{i,i}$, $p_{i,i+1}$ を N, i, r を用いて表してみると

$$p_{i,i-1} = \frac{N-i}{r \cdot i + N - i} \frac{i}{N} \tag{5.6}$$

$$p_{i,i} = 1 - p_{i,i-1} - p_{i,i+1} \tag{5.7}$$

$$p_{i,i+1} = \frac{r \cdot i}{r \cdot i + N - i} \frac{N - i}{N} \tag{5.8}$$

となります。この場合の x_i（状態 i が最終的に状態 N となる確率，すべてが黒球となる確率）を求めてみましょう。そのために，$y_i = x_i - x_{i-1}$ とします。

y_i が満たす漸化式は

$$y_i = \frac{p_{i,i-1}}{p_{i,i+1}} y_{i-1} = \frac{1}{r} y_{i-1} \tag{5.9}$$

です。つまり，$y_1 = x_1$, $y_2 = \dfrac{1}{r} x_1$, $y_3 = \dfrac{1}{r^2} x_1, \cdots$ などとなります。ここで y_i の定義から $\displaystyle\sum_{i=1}^{N} y_i = x_N - x_0 = 1$ です。また，$\displaystyle\sum_{i=1}^{k} y_i = x_k$ も得られます。

この右辺は

$$\left(\frac{1}{r^{i-1}} + \ldots + \frac{1}{r} + 1 \right) \times x_1 = \frac{1 - 1/r^i}{1 - 1/r} \times x_1 \tag{5.10}$$

です。また，$x_1 = \dfrac{1 - 1/r}{1 - 1/r^N}$ より

$$x_i = \frac{1 - 1/r^i}{1 - 1/r^N} \tag{5.11}$$

となることが分かります。

このモデルは遺伝子集団の状態遷移を表しています。白の適合度 1 に対して黒の適合度が r でした。このとき

- もし $r > 1$ ならば黒が有利に選択される。
- もし $r < 1$ ならば白が有利に選択される。
- もし $r = 1$ ならば黒も白もランダムに選択される（これを中立的と呼ぶ）。

となります。除去（死滅）に選ばれる確率は白も黒も同じであることに注意してください。

さて先に述べたように黒の適合度が r とします。白の集団に突然変異で黒の個体が生じたとしましょう。このときこの突然変異の子孫は最終状態では全体を占めるか絶滅するかのいずれかです。これらの確率は

$$黒の突然変異個体の固定確率 = x_1 = \frac{1-1/r}{1-1/r^N} \tag{5.12}$$

$$黒が絶滅する確率 = 1 - x_1 = \frac{1/r - 1/r^N}{1-1/r^N} \tag{5.13}$$

で与えられます（**図 5.3**）。

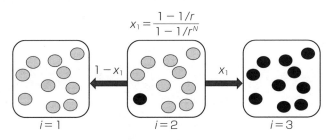

図 5.3 固定確率

5.3 進化速度

　遺伝学者の木村資生（1924–1999）は突然変異だけで進化が起こりえないことを，数字的に論証しました。ヒトの遺伝子は約 30 億個の塩基座位の上に書かれています。このうち約 3%にあたる 1 億個が意味を持つとしましょう。すると単にランダムな突然変異だけで現在の塩基配列が生ずる確率は $1/10^{60\,000\,000}$ という天文学的な少なさです[18]。ではどうして進化が起こったのでしょうか？

　1 億個の塩基座位のおのおので淘汰が働き，有利な変異を一歩一歩積み重ねていくことを考えてみましょう。これが過去 30 億年にわたる生命進化の間に行われるとしたら，塩基座位当たり 40 年に 1 回の割合で塩基を置き換えればよくなります。これは十分に可能性のある確率となります。木村はこれをタイプライターをたたくサルのたとえによって説明しています。サルがランダムにキーをたたけば，シェイクスピアの戯曲と同じアルファベットの配列ができる可能性はほとんどゼロです。一方，正しい文字が打てれば次に進むというやり方を取れば，どんなに長く見積もっても 1 ページ分は 1 年で十分に打てるでしょう。

120   5. 進化の不思議を見てみよう

先ほどの固定確率を考えると，より定量的に理解できます。黒い球が突然変異で白の集団に現れたとき，それが集団を支配する固定確率 ρ は

$$\rho = x_1 = \frac{1 - 1/r}{1 - 1/r^N} \tag{5.14}$$

でした。r は，白球に対する黒球の相対適合度です。この値は**表 5.1** のように計算できます。ここでは集団数 N を 100 としています。

表 5.1　固定確率と相対適合度

相対適合度（r）	意　味	固定確率	50%に必要な突然変異数〔回〕
2.0	100%有利な個体	0.5	1
1.1	10%有利な個体	0.09	7
1.0	1%有利な個体	0.016	44
1.0	中立な突然変異	0.01	69
0.99	1%不利な個体	0.0058	119
0.9	10%有利な個体	0.000003	234861

相対適合度 r の突然変異個体が集団全体を占める確率が 50%となるには，突然変異は $\log 2/\log(1 - \rho)$ 回必要であることが分かります。表 5.1 を見ると，10%有利な個体ならば突然変異は 7 回，1%有利ならば 44 回となり，思ったより少ないことに気がつきます。さて重要なのは中立な突然変異，つまり $r = 1$ のときです。このときでも 69 回の突然変異で集団全体が 50%の確率で占められてしまいます。この値の大きさに注目したのが，次節で説明する木村の中立仮説です。

5.4　中　立　仮　説

生物学では「集団遺伝学」と呼ばれる分野があります。そこでは，集団としての遺伝子の進化の振る舞いがかなり昔から数学的に研究されています。ここではその中心的な理論である中立仮説について説明しましょう。

遺伝子配列の置換による進化のメカニズムを説明する仮説は，大きく分けて淘汰説と中立説の二つに分類できます。淘汰説は 19 世紀後半にチャールズ・ダーウィン（Charles Darwin）が提唱したアイデアに端を発し，生物の進化は

おもに自然淘汰によって起こるという考え方です。一方，木村は 1968 年に中立説を提唱し，大部分の突然変異は適合度に影響しない中立なものであるとしました[19]。この二つの考え方の違いを図 5.4 に示します。

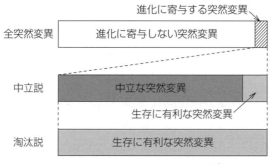

図 5.4　中立説と淘汰説の突然変異[26]

　大部分の突然変異は局所的なもので，進化には寄与しないという点で両者の考え方は一致しています。しかし進化に寄与する突然変異についての見方は大きく異なっています。淘汰説では，生き残る突然変異は生物が生存するのに有利に働きます。一方中立説では，たしかに生物の生存に有利な突然変異も生き残りますが，ほとんどは生物が生存するのにまったく影響がありません。

　木村はこうした考えをもとにして，分子進化の中立仮説を提唱しました。その主張は次のようなものです。

分子進化の中立仮説

　DNA 上の変異の起こり方は，自然選択ではなく偶然的な変動（＝遺伝的浮動）によって集団中に固定する。

集団が小さかったり，ある対立遺伝子がごくまれにしか存在しないと，遺伝子頻度の変化が単なる偶然だけで起こりやすくなります。このように，有限集団のとき偶然の作用により遺伝子が固定される現象を遺伝的浮動と呼びます。つまり，任意交配の行われている大集団では，配偶者同志に近い血縁になることはありません。ところが集団が長い期間小さいと，多くの個体が血縁となりえ

ます。したがって任意交配は血族的となってしまいます。小集団では，集団内
での交配が無作為でも，同系交配（近親交配）と同じような結果となることが
予想されます。

つまり，遺伝的浮動は生物の環境への適応に何ら影響しない中立的な突然変異が
なぜ生き残るのかを説明します。表5.1 から明らかなように，有限の集団では固
定確率は思いのほか高いことから進化の原動力になりえるかもしれないのです。

5.5　中立進化を実験してみよう

モラン過程のシミュレーションプログラムを作成してみましょう。これによ
り中立的な進化を実験的に確認することができます。突然変異個体が生じた場
合に，それが集団中に固定する（集団全体を占める）かどうかを観察します。次
のようなパラメータを使用します。

- 集団のサイズ
- 突然変異率
- 突然変異個体の適合度（中立の場合1.0）

注意する点は突然変異率が通常とても小さいということです。

Quiz　中立進化の固定時間

中立進化で，パラメータの違いにより，集団が固定する期間がどのよう
になるかを調べてみましょう。とくに，集団数に対して，固定時間や固
定間隔はどのくらいになるでしょうか。

図5.5 は中立な突然変異の進化過程を図示したものです。中立な突然変異で
現れた遺伝子が集団全体に行き渡るのにどのくらいの期間が掛かるのかを示し
ています。色の濃さの違いは異なる遺伝子の出現を示しています。いくつかの
突然変異は固定（割合が1.0となる）されずに消失しています。突然変異が起
きる間隔は平均 $1/(N\mu)$ の指数分布に従うようになっています。つまりサイズ

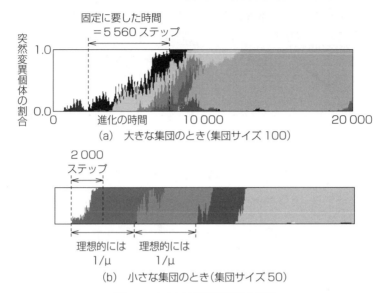

図 5.5 中立な突然変異の進化過程

が大きいほど突然変異は起こりやすくなります。図 5.5(a) は大きな集団（サイズ 100）のとき，図 5.5(b) はその半分のサイズのときを示しています。いずれも突然変異率は 0.00001 です。シミュレーションは 20 000 ステップまで繰り返しています。(a) では突然変異が 23 回，(b) では 10 回起こっています。期待値はそれぞれ，(a) 20 回，(b) 10 回です。このとき突然変異種が固定化するまでに要した時間は (a) では 5 560 ステップ，(b) では 2 000 ステップとなっているのが分かります。固定した（集団全体を占めた）突然変異に対して，途中で絶滅した突然変異も多くあることに注意してください。先ほどの計算から，固定した突然変異の 1 回に対して，平均して N 回の絶滅した突然変異があることが分かります（N は集団サイズ）。

時間ステップを 20 000 とした実験を 20 回行って，中立突然変異が固定するまでに掛かる平均時間（ステップ）を求めると**表 5.2** と**図 5.6** のようになりました。この結果は線形に近似できているようです[†]。

[†] 次節で述べるように，理論的な生物モデルでは係数が約 $4N$ となることが知られているが，ここではさまざまの制約から近似式が異なっている。

表 5.2 突然変異率と固定時間

突然変異率（μ）	固定時間（ステップ）			
	$N=20$	$N=50$	$N=70$	$N=100$
0.01	372.416	2308.33	4369.8	7769.96
0.005	381.663	2346.56	4359.64	7588.68
0.001	368.872	2368.71	4448.52	7584.22
0.0005	369.045	2251.25	4264.83	7592.50

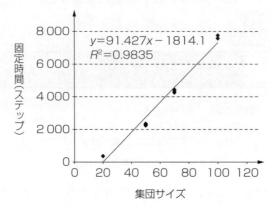

図 5.6 集団サイズと固定時間の関係

さてここで固定した突然変異が生じる間隔を見てみましょう。つまり最終的に固定されるに至った突然変異が起こる平均時間間隔（ステップ数）です。この値と突然変異率を比べてみると，**表 5.3** のようになりました。表を見ると，平均時間間隔は突然変異率の逆数（$1/\mu$）とほぼ一致しています。また集団サイズに無関係であることが分かります。このことが次節で説明する，中立仮説の理論的基盤となります。

表 5.3 突然変異率と固定間隔

突然変異率		固定間隔（ステップ数）			
μ	$1/\mu$	$N=20$	$N=50$	$N=70$	$N=100$
0.01	100.0	100.061	106.407	114.983	155.004
0.005	200.0	195.908	216.703	224.843	277.291
0.001	1000.0	1035.73	982.156	1138.71	1190.48
0.0005	2000.0	1971.9	1942.41	2020.43	2136.91

以上の結果をまとめると，突然変異が固定に要する時間は集団の大きさに比例していますが，置換の数（成功する突然変異の頻度）は集団の大きさと独立であることが分かります。

5.6 中立仮説と進化速度

中立な突然変異で現れた遺伝子が集団全体に行き渡るのにどのくらいの期間が掛かるのかが理論的に求められています（以下は文献[23]の記述に基づく）。その値はおよそ $4N_e$ となるとされています。ただし N_e は集団の有効サイズです。例えば雄と雌の繁殖個体数がそれぞれ N_m と N_f の集団では

$$N_e = \frac{4N_m N_f}{N_m + N_f} \tag{5.15}$$

となります。当然ながら雄と雌の数が等しければ $N_e = 2N_m = 2N_f$ です。一方，繁殖に携わる雌雄の個体数に差があれば，有効な大きさは少ないほうの性に依存します。雌が雄に比べてきわめて多い集団では有効な大きさは $N_e = 4N_m$ となります。したがって，一つの群が一匹の雄で率いられるようなハーレムの場合，$N_e = 4$ です。

ここで進化速度[†]を求めてみます。再び白球の集団に黒球が突然変異で出現することを考えましょう。サイズ N の個体の集団において，はじめはすべての個体が白球であるとします。まれに突然変異率 μ で黒球が出現します。このとき N 個体の集団に突然変異が起こる速度は $N\mu$ です（時間当たり平均して $N\mu$ 個の突然変異が生じる）。したがって突然変異が生じるまでの平均時間は $1/(N\mu)$ となります。さて黒球の固定確率を式 (5.14) から ρ とすると，集団がすべて白球の状態からすべて黒球によって占められる進化速度 R は

$$R = N\mu\rho \tag{5.16}$$

となります。

[†] 一定の期間内に遺伝子に固定（置換）される突然変異の数。直観的には，どのぐらいの速さで進化するかを表す量である。

ここで黒球が中立な場合には $\rho = 1/N$ でした (式 (5.5))。そのため, 中立な進化速度を求めると N が相殺され $R = \mu$ となります。

> **分子進化の中立仮説**
>
> 中立遺伝子の進化において
>
> $$進化速度 = 突然変異率 \qquad (5.17)$$
>
> が成り立つ。これは集団サイズによらない。

このことは実験結果の表 5.3 で見たとおりです。すなわち, 固定される突然変異が起きる間隔は一定で $1/\mu$ が期待値となるように変動します (μ は突然変異率)。この関係は集団サイズが時間によって変わっていても成り立ちます。

さらに突然変異率が一定なら, 中立な突然変異は一定の割合で蓄積し, そのため分子時計として利用できることになります。これが次節で説明する, 分子系統樹の作成原理です。

1960 年代に木村資生によって提案された, 分子進化の中立仮説は大きな驚きをもって迎えられました。木村らは, 進化における大部分の分子変化は本質的に中立で, 突然変異と遺伝的浮動の蓄積であることを精力的に論証しています。完全な証拠が得られたかについては疑問の余地もありますが, 最初に提出されて以来この理論の支持者が増えてきています。一方で, 自然淘汰により進化する遺伝子も見つかっていていまだ論争は続いています。

5.7 系統樹の作成

系統学は生物の形質データから進化の歴史を推定する学問です。その目指すところは, 生物間の系統関係を表す系統樹を推定することです。推定された系統樹は, 分類体系の基礎となるだけではありません。進化過程に関するさまざまな仮説を実証するのにも用いられます。与えられた形質情報をもとに, でき

るだけ精度の高い系統仮説を提供することが期待されています。例えば，**図5.7**はカンブリア紀の不思議な生物に関する系統樹です。これはカナディアン・ロッキーのバージェス頁岩（**図5.8**）で発見された化石に基づくものです。ここではゾウの鼻のような器官と五つの目を持つオパビニアやエビに似た大型捕食動物であるアノマロカリスなどの興味深い生物の化石が多数発掘されています。当初は現在の動物の祖先として，節足動物の初期の進化形態として考えられまし

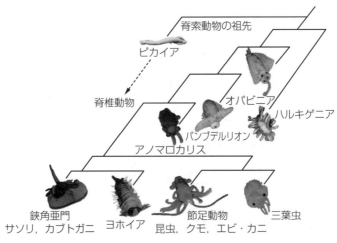

図5.7 カンブリア紀の不思議な生物に関する系統樹

図5.8 バージェス頁岩とマウント・ステファン（ヨーホー国立公園@カナダ）。カンブリア紀の生物，とくに三葉虫とアノマロカリスの化石が多く産出する。右の拡大図にはアノマロカリスのミニチュアとともに三葉虫の化石が見られる。

た。しかしその後の研究により，これらの動物は現在の分類群には当てはまらずに異質の生物を示すことがグールドらにより主張されました[†]。このような形態が現在の動物に見られないのは，環境の変化に対応しきれず絶滅したという説が有力です。つまり進化の実験場であったとされています。

系統樹作成に際して，昔は現存する生物や化石の「かたち」に基づいた推定が中心でしたが，そのような解析にはあいまいさが残りました。図 5.7 にあるようなカンブリア紀の生物の系統樹についてはいまも議論がなされています。近年では，ゲノム解析によりアミノ酸などの分子データが系統推定の新たな情報源として急速に普及しています（**図 5.9**）。そこで「分子系統学」という手法が確立しています。生物から得られたアミノ酸配列データをもとに，そのような配列集合に至るまでどのような進化過程をたどったのかを推定するものです。そのためには進化のモデルを構築して大量のアミノ酸配列を解析する必要があり，数理情報科学との連携も欠かせません。

形態情報

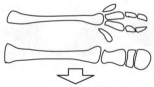

アミノ酸
配列情報

MVLSPADKTNVKAAWGKVGAHAGEYGAE
ALERMFLSFPTTKTYFPHFDLSHGSAQVK
GHGKKVADALTNAVAHVDDMPNALSALS
DLHAHKLRVDPVNFKLLSHCLLVTLAAHLP
AEFTPAVHASLDKFLASVSTVLTSKYR

図 5.9 形態情報から分子配列情報へ

分子系統樹作成は生物進化の研究のツールとしてだけではなく，医学的な見地からも利用されています。例えばヒトゲノム中の繰返し構造の系統関係を調べた研究があります[78]。これは精神分裂病に関係する繰返し構造であり，レトロウィルスがヒトゲノムに入り込んだ結果だと考えられています。その繰返し構

[†] 進化に興味のある読者には，スティーブン・J. グールドの本『ワンダフル・ライフ』[21] は必読である。この本には有史以前の約 5 億 2500 万から約 5 億 500 万年前（古生代カンブリア紀前期終盤）に生息していた奇妙な動物とその発見に至る逸話が記述されている。

造がどのようにヒトゲノム中に広がったかを系統樹を作成して推定しています。

系統樹作成の入力データとして，対象とする生物の間で共通な遺伝子[†]のDNA配列やアミノ酸配列が用いられます。ただし進化の過程での欠損や挿入により配列の長さが異なっているので，まずマルチプルアラインメントと呼ばれる操作によりギャップを挿入して対応関係を揃える必要があります。図5.10にマルチプルアラインメントを実行した後のアミノ酸配列の例を示します。

```
キンギョ     G------SGPVKKHGKTIMGAVGDAVSKIDD------LVGALSALSELHAFKLRIDPANFKILA
コイ        G------SGPVKKHGKVIMGAVGDAVSKIDD------LVGGLAALSELHAFKLRVDPANFKILA
デンキウナギ   G------SAAVKKHGKTIMGGIAEAVGHIDD------LTGGLASLSELHAFKLRVDPANFKILA
サケ        G------SAPVKKHGGVIMGAIGNAVGLMDD------LVGGMSGLSDLHAFKLRVDPGNFKILS
サメ        A------APSIKAHGAKVVTALAKACDHLDD------LKTHLHKLATFHGSELKVDPANFQYLS
ヤツメウナギ   ADDLKQSSDVRWHAERIINAVNDAVKSMDDTEKMSMKLKELSIKHAQSFYVDRQYFKVLA
```

図5.10 マルチプルアラインメントの例

系統樹は二分木で表現されます。図5.11に図5.10のアミノ酸配列から作成された分子系統樹を示します。二分木の葉のノードはアラインメントされた配列（図5.10）に相当し，現存する生物です。配列の置換だけの解析ではどちらの方向に置換が起きたのか確定できません。そのため根（すべての配列の究極的な祖先）を持たない無根系統樹となります。しかし進化上かけ離れた生物を付け加えることにより根の推定ができます。図5.11では，原始的な脊椎動物であるヤツメウナギがこの生物に相当します。

系統樹の枝分かれのパターンを系統樹のトポロジーと呼びます。葉の数，つま

図5.11 系統樹の例

[†] 同一の祖先に由来する遺伝子のうち種分化によって分かれた遺伝子，オーソロガス遺伝子と呼ばれる。

り解析する生物の配列の数を n としましょう。系統樹の枝の数は $(2n-3)$ あるので，さらに一つ生物の配列を追加するとトポロジーのパターンの数は $(2n-3)$ 倍になります。したがって葉が n 個ある系統樹の個数は $3 \times 5 \times 7 \cdots \times (2n-5)$ です。例えば $n=10$ のときには約 200 万個の無根系統樹のパターンが存在します。このことから，系統樹推定は計算量の多い非常に困難な問題となることが分かります。

マルチプルアラインメントされた配列から適切な系統樹を推定するには，距離行列法，最節約法，最尤法などいくつかの手法が提案されています。図5.11は距離行列法の一種である近隣結合法[83]により推定された結果です。これらの系統樹推定アルゴリズムの詳細はバイオインフォマティックスの教科書[66]を参照してください。次節では系統樹の推定に頻繁に用いられる最尤法について説明します。

【練習問題 5.1 ★】 系統樹を作ってみよう

http://workbench.sdsc.edu/ は系統樹作成を WWW 上で無料で利用できる非常に便利なサーバです（URL は 2016 年 3 月現在）。このサイトではマルチプルアラインメントと系統樹の作成が同時にできるのが特長です。このサイトやほかのオープンソースを利用して，系統樹を自分で作ってみましょう。例えば，**図5.12**

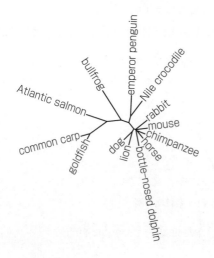

図5.12 ヘモグロビン α 鎖のアミノ酸配列から作成した系統樹

はヘモグロビン α 鎖のアミノ酸配列から作成した系統樹です．この系統樹で得られた魚類から哺乳類までの脊椎動物の変遷は，形態学的な分類と一致していることが分かります．

5.8 最尤法による推定方法

最尤法は解析する配列部位において突然変異が中立的であることを前提にしています．それに基づいて系統樹候補の実現確率を求め，確率が最大となるトポロジーを求める方法です．ほかの方法（距離行列法，最節約法）に比べて頑強性が高いことが知られています．欠点としては尤度の計算コストが高く，膨大な系統樹空間の探索が必要である点が挙げられます．

系統樹の構成確率を求めるには，配列 y が長さ t の枝をたどることにより配列 x に進化する確率 $P(x|y,t)$ を知る必要があります．入力配列の各座位は独立でかつ挿入欠失は起こりえないとしましょう．各座位は独立なため，配列上の 1 個の座位についての確率を求め，これらを掛け合わせれば配列全体の遷移確率を求めることができます．どの塩基も同じ頻度 ϵ で遷移すると仮定します．この場合塩基 a が塩基 b に遷移する確率は

$$P(b|a,t) = \begin{cases} \dfrac{1}{4}(1+3e^{-4\epsilon t}) & a=b \text{ のとき} \\ \dfrac{1}{4}(1-e^{-4\epsilon t}) & a \neq b \text{ のとき} \end{cases} \tag{5.18}$$

で計算されます．

以下では系統樹のトポロジーを T とし，枝の長さを t と表記します．まず入力配列が 2 本の場合における系統樹の尤度を考えましょう．**図 5.13** のように系統樹のトポロジーと枝長はすでに与えられているとします．入力配列を x^1, x^2 とし，配列上の

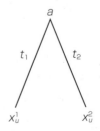

図 5.13 基本的な系統樹

132 　5. 進化の不思議を見てみよう

1個の座位 u について考えます。

塩基 a が選ばれ，かつ塩基 a が x^1, x^2 に置換される確率は以下のようになります。

$$P(x_u^1, x_u^2, a | T, t_1, t_2) = q_a P(x_u^1 | a, t_1) P(x_u^2 | a, t_2)$$

ただし q_a は塩基 a の生起確率です。一般には a としてどのような塩基が割り当てられるか分からないので，x^1, x^2 への置換確率はすべての可能な a についての和となります。

$$P(x_u^1, x_u^2 | T, t_1, t_2) = \sum_a q_a P(x_u^1 | a, t_1) P(x_u^2 | a, t_2)$$

配列全体の長さを N とすると全体の尤度は以下のようになります。

$$P(x^1, x^2 | T, t_1, t_2) = \prod_{u=1}^{N} P(x_u^1, x_u^2 | T, t_1, t_2)$$

同様に任意の長さの配列の尤度も，祖先として考えうるすべての塩基の割り当てを考慮して求めることができます。この確率を求めるアルゴリズムとして，葉からはじめて系統樹を上へとたどる方法（後行順操作）などがあります。

塩基の遷移確率が枝長 t の関数で表されていれば，与えられたトポロジーのもとでの尤度最大の系統樹を解析的に計算できます（図 5.13）。したがって問題になってくるのは系統樹のトポロジーの決定です。前節で述べたように，系統樹のトポロジーは入力配列数に対して階乗のオーダーで増大するので，なんらかのヒューリスティクスを用いる必要があります。

そのため，メタヒューリスティクスを用いた推定方法も開発されています[64]。メタヒューリスティクスとは生物や物理現象をもとにして考案された探索手法の総称です。遺伝的アルゴリズム（genetic algorithms, GA），遺伝的プログラミング（genetic programming, GP），焼きなまし法（simulated annealing, SA），PSO（particle swarm optimization），ACO（ant colony optimization）などが代表例です。例えば，ACO はアリがフェロモンを落としながら効率的に餌を巣に持ち帰る行動を，PSO は鳥や魚が創発的に群れる行動をモデル化し

たものです（**図 5.14**，詳細は文献[6]を参照）。ニューラルネットワークやファジィ論理などのいわゆるソフトコンピューティング手法もこれに含まれることがあります。

(a) 軍隊アリの橋作り行動
〔写真は Salvacion P. Angtuaco 博士からの提供〕。

(b) アリの餌探し行動のシミュレーション：揮発性のフェロモンを落としながら最適な探索を行う。図の中心が巣であり，3か所の餌が周囲にある（→）。太く見える一帯の線がフェロモン（→）であり，小さな点がランダム探索をするアリである。

(c) ギンガメアジの集団行動
（バリカサグ@フィリピン，2015年3月）

(d) 小さな魚は集団で集まり，巨大な敵から逃れるとされている。実際に群れから外れている魚ほど襲われやすい。また魚は群れの中心に向かい，かつ自分の周りと速度を合わせようとすることで集団を創発的に構成すると言われている。

図 5.14 メタヒューリスティクスのモデル

【練習問題 5.2 ★★】　最大尤度のトポロジーの探索

最尤の系統樹の探索手法として
- **逐次追加法**：1個ずつランダムに配列を選び系統樹に付加し，各段階で尤度最大の候補系統樹を一つ残して，残りの候補系統樹を捨て去っていく方法（**図 5.15**）。

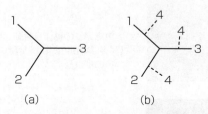

図 5.15　逐次追加法

- **星状系統樹分割法**：配列が一つの内接点のみで結合された星状系統樹を構成し，それらの配列の任意の2個を新しい内接点でまとめた候補系統樹の中から尤度最大のものを一つ選ぶ方法（**図 5.16**）。

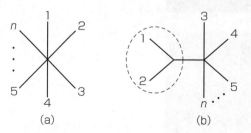

図 5.16　星状系統樹分割法

などが知られています。

図をもとにして，これらについての特徴や欠点を考えてみましょう。

【練習問題 5.3 ★★★】　メタヒューリスティクスによる系統樹探索

遺伝的アルゴリズムやACOを用いた，効率的な系統樹のトポロジー探索手法について調べてみましょう。

6 最適化の難問に挑戦しよう

Optimization hinders evolution (anonymous quotes)
最適化は進化を妨げる（詠み人知らず）

6.1 秘書問題：一番よい秘書さんを選ぶには？

あなたは次から次へと現れる候補の中から一人を選ぶ立場にあるとします。このときどのような基準で候補者を採用すればよいでしょうか？

このような最適選択問題は日常生活で頻繁に目にします。例えば結婚相手を選ぶ場合には，恋愛でもお見合いでもどの人に決めればよいかは重要な（おそらく人生で最も最適化技術を要する）問題です。ここでは公平さのため二股交際はできないとしましょう。また断った相手には二度と再会のチャンスがないものとします。

秘書さんを一人選ぶ場合も同じ困難に直面します。何人かの候補者が次々に面接にやってきます。このとき現在面接している人を選ぶのかは，次の候補者が来るまでに決めなくてはなりません。その人を「不採用」としてしまえば，二度とその人にコンタクトを取ることはできません。また「採用」としたならば，そのあとでよりよい人材が来たとしても受け入れることはできません。このような条件下では，どのような基準で採用すれば最も優れた秘書を選べるでしょうか？

一見この問題は解決不能に見えます。たしかに必ず最適候補（最適解）を獲得するとは限らないでしょう。しかし確率的に考えると，優れた戦略を見つけることができます。この問題を「秘書問題」と呼んでいます[†]。

[†] 初出はマーチン・ガードナー（Martin Gardner）による Scientific American の Mathematical Recreations という連載コラム（1960年2月）とされている。

より形式的に定義すると，秘書問題は次のようになります。

> **Uiz 秘書問題**
> - 1人の秘書を採用する。
> - 候補者数 n は有限であり事前に決められている。
> - 面接の直後に採否を決定する。$n-1$ 回まで採用しなかったときは，n 番目の候補者を無条件で採用する。
> - 採用が決まった時点で終了し，過去にさかのぼって不採用にした候補者を採用することはできない。
> - 同順位の候補者は存在しない。候補者を同時に評価すれば，第1順位，第2順位〜第 n 順位をつけることができる。
> - どの順番で，どの順位の候補者が現れるかはわからない。
>
> このとき第1順位の候補者（最良の秘書）を採用する確率（成功確率）が最大となる戦略を設計せよ。

ここでは，第1順位の秘書を採用することが最良の戦略であるとしています。

これに対しては，いくつかの戦略が知られています。例えば cut-off ルールと呼ばれる戦略は次のようなものです。

---

cut-off ルール

1. n 人の候補者に対して，r を 1〜n の整数値に設定する。
2. $r-1$ 回の面接までは無条件で不採用にする。
3. r 回以降は次の面接を繰り返す。
    (a) それまでに不採用にした人との比較で（暫定順位が）1位ならば採用して終了する。
    (b) そうでなければ不採用にする。

この戦略では r の設定が重要となります。例えば 10 人の候補者がいる場合を

6.1　秘書問題：一番よい秘書さんを選ぶには？　　*137*

考えましょう。どのような順番で候補者が来るか分かりません。そのため $r = 1$ であれば，つねに最初の候補を採用するため，第1順位の秘書を採用する確率は10%です。また同じように，$r = 10$ のときには9人目までは不採用にして，最後の一人を無条件に採用するので，やはり第1順位の秘書を採用する確率は10%です。

　では，実際のシミュレーションによって，10人の候補者がいる場合にさまざまな r の値に対する第1順位の採用確率 $P(r)$（＝成功確率）を求めてみましょう。このためにはランダムに秘書の面接候補者が来るとして，cut-off ルールに従って採用を決定します。具体的には順位に相当する1から10までの整数順列をランダムに生成し，10 000回のシミュレーションで成功する頻度を求めて確率を算出しました。得られた成功確率を**表 6.1** に示します。この表から，最も成功確率が高いのは $r = 4$ の場合だと分かります。

表 6.1　10人の候補者のときの
成功確率（cut-off ルール）

r の値	第1順位の人を採用できる確率 $P(r)$
1	0.1
2	0.282 9
3	0.365 8
4	0.398 7　← $r = 4$ のときが最大
5	0.398 3
6	0.372 8
7	0.327 4
8	0.265 3
9	0.188 9
10	0.1

　また，より大きな人数（$n = 50, 100, 500$）での成功確率を異なる r の値でシミュレーションしてみました。**図 6.1** はその結果を示します。ここで縦軸が成功確率，横軸は割合 r/n の値となっています。この図を見ると異なる n の値にもかかわらず，同じような r/n 値のところで確率が最大になっているようです。

138　　6.　最適化の難問に挑戦しよう

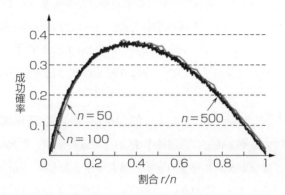

図 6.1　cut-off ルールの成功確率

　さて，第 1 順位の秘書の採用確率 $P(r)$（＝ 成功確率）はどのようになるのかを考えてみましょう．再び $n = 10$ としてみます．まず $r = 2$ のときの成功確率 $P(2)$ を求めます．このときは最初に面接した候補者は採用しません．その後に面接した候補者（残りの 9 人）で，採用しなかった最初に面接した人よりもよい人がいれば採用します．ここで最初に面接した候補者の本当の順位（k とします）で場合分けして考えます．

- $k = 1$ のとき：残りの 9 人に第 1 順位はいないので失敗します．つまり成功確率は 0.0 です．
- $k = 2$ のとき：残りの 9 人のうち，最初に面接した第 2 順位の候補者よりも優れているのは第 1 順位のみです．この候補者はいつか必ず面接に来るので，確率 1 で成功します．
- $k = 3$ のとき：残りの 9 人のうち，採用されるのは，第 1 順位か第 2 順位の候補者のみです．第 1 順位が先に来れば成功し，第 2 順位が先に来れば失敗します．この二つが生じるのは同じ場合の数なので，確率 $1/2$ で成功します．
- $k = 4$ のとき：残りの 9 人のうち，採用されるのは，第 1 順位，第 2 順位，第 3 順位の候補者のみです．第 1 順位が先に来れば成功し，第 2 順位，第 3 順位が先に来れば失敗します．この三つが生じるのは同じ場合

6.1 秘書問題：一番よい秘書さんを選ぶには？ **139**

の数なので，確率 1/3 で成功します。

- $k = i$ のとき $(i = 2, \cdots, 10)$：同様に，残りの 9 人のうち，採用される
  のは，第 1 順位〜第 $i-1$ 順位の候補者のみです。第 1 順位が先に来れ
  ば成功し，第 2 順位〜第 $i-1$ 順位が先に来れば失敗します。この $i-1$
  通りが生じるのは同じ場合の数なので，確率 $1/(i-1)$ で成功します。

これらの 10 通り $(i = 1, \cdots, 10)$ は同じ確率，1/10 で起こることから，全体
として，$r = 2$ のときの成功確率 $P(2)$ は

$$P(2) = \frac{1}{10} \sum_{k=2}^{10} \frac{1}{k-1} = \frac{1}{10} \times \left(\frac{1}{1} + \frac{1}{2} + \cdots \frac{1}{9} \right) \tag{6.1}$$

となります。

✏【練習問題 6.1 ★】 　秘書問題 (1)

$n = 10$，$r = 3$ のとき第 1 順位の候補者（最良の秘書）の成功確率 $P(3)$ は以
下のようになることを証明してください。

$$\begin{aligned}
P(3) &= \sum_{k=2}^{9} \frac{(10-k) \times 2 \times 8!}{10!} \times \frac{1}{k-1} \\
&= \frac{2}{10} \sum_{k=2}^{9} \left(\frac{10-k}{9} \times \frac{1}{k-1} \right) \\
&= \frac{2}{10} \times \left\{ \frac{1}{2} + \frac{1}{3} + \cdots + \frac{1}{9} \right\}
\end{aligned}$$

同じように考えると，cut-off ルールに基づいて秘書を採用した場合，第 1 順
位を採用する確率 $P(r)$ は

$$P(r) = \frac{r-1}{n} \sum_{k=r}^{n} \frac{1}{k-1} = \frac{r-1}{n} \times \left\{ \frac{1}{r-1} + \frac{1}{r} + \cdots + \frac{1}{n-1} \right\} \tag{6.2}$$

となることが示せます。ただし候補者は n 人とし，$r-1$ 回までは無条件で不
採用とします。明らかに $P(1) = P(n) = 1/n$ です。

ここで $p = r/n$ とすると，$n \to \infty$ のとき式 (6.2) は

$$V(p) = -p \log(p) \tag{6.3}$$

6

最適化の難問に挑戦しよう

に近づくことが以下のように示せます。

[証明]

$$P(r) = \frac{1}{n} + \left(1 - \frac{1}{r}\right) \cdot P(r+1)$$

に注意する。$p = r/n, \Delta p = 1/n$ とする。すると $1/r = 1/(np) = \Delta p/p$ となる。ここで $V(p) = P(r/n)$ とおくと

$$V(p) = \Delta p + \left(1 - \frac{\Delta p}{p}\right) \cdot V(p + \Delta p)$$

$$\frac{V(p + \Delta p)}{p} = 1 + \frac{V(p + \Delta p) - V(p)}{\Delta p}$$

となる。ここで $n \to \infty$（つまり $\Delta p \to 0$）のとき

$$V'(p) = 1 - \frac{\log(p)}{p}$$

であり、これを解くと式 (6.3) になる。 □

図 6.2 には、成功確率のシミュレーションによる実測値と理論値（式 (6.3)）を $n = 40, 80$ 人の場合に比較してみました。二つはよく一致しており、また n が大きいほど誤差も少なくなっています。さらに成功確率が最大となる r 値を $n = 40, 60, 80$ 人の場合に求めてみると**表 6.2** のようになりました。

最適な r と候補者数の間には、$r = n/e$ の関係があることが分かります。ここで e は自然対数の底です。このことは、式 (6.3) が最大値 $1/e$ を $r = 1/e$ で

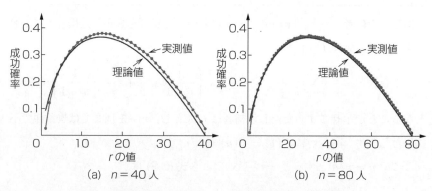

(a) $n = 40$ 人　　　　(b) $n = 80$ 人

図 6.2 成功確率のシミュレーションによる実測値と理論値

6.1 秘書問題：一番よい秘書さんを選ぶには？

表 6.2 成功確率の最大値を与える r 値

候補者数 (n)	最適な r の実測値	n/e の値	最適な r の実測値 $/n$	$1/e$
40	15	14.7	0.382	
60	23	22.1	0.377	0.368
80	30	29.4	0.376	

取ることから分かります。したがって，cut-off ルールを用いた場合の最適戦略が以下のように得られました。

---

cut-off ルールによる最適戦略

1. 候補者の数を n 人とする。
2. 最初の n/e 人（≒ 37% 分）は見送って不採用にする。
3. 次の回からは不採用にした人よりもよい人が来たら即採用して終了する。
4. このときの成功確率は $1/e = 37\%$ である。

こうして cut-off ルールによる最適戦略が得られました。しかしこの戦略がすべての戦略において最適であるとは限りません。別のルールも考えることができます。このほかに次のようなルールも知られています。

---

successive non-candidate ルール

1. 候補者の数を n 人とする。
2. これまでに第 1 順位でない候補者が $k-1$ 人出現した後の次の（最初の）候補者を選択する。

candidate count ルール

1. 候補者の数を n 人とする。
2. 面接を始めてから第 1 順位となった数を数えて，k 番目となる候補者を選択する。

これらの戦略で，それぞれ k はパラメータです。**図 6.3** と**図 6.4** に，successive non-candidate ルールと candidate count ルールを用いてシミュレーションしたときの成功確率をプロットしています。横軸はパラメータ k を候補者数 n で正規化した値です。図 6.1 と同様に，$n = 50, 100, 500$ 人の場合で比較しています。

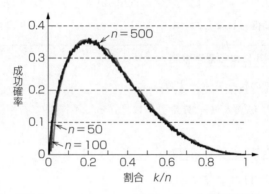

図 6.3 successive non-candidate ルールの成功確率

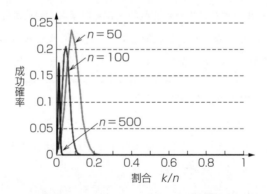

図 6.4 candidate count ルールの成功確率

図 6.3 から successive non-candidate ルールでは，成功確率が最大となるのは $k/n \fallingdotseq 0.24$ で最大成功確率は約 0.36 となります。これは，cut-off ルールの最適値（$1/e \fallingdotseq 0.37$）よりやや小さい値です。k/n が 0.24 を超えると急激に成

6.1 秘書問題：一番よい秘書さんを選ぶには？

功確率は低下します。一方，candidate count ルールでは，成功確率の最大値が得られる k/n の値は比較的小さくなりますが，成功確率はほかの二つの方法に比べて高くはありません。また候補者が増えるにしたがってその値はますます小さくなります。言い換えると，最適値を取る k の値が比較的 n によらないという特徴があります。つまり，candidate count ルールを用いると，n の大きさに関係なく，$k = 4$ 回程度の暫定 1 位を採用すれば成功確率 20% をほぼ達成できるようです。なお $n = 1 \sim 100$ 人での候補者のシミュレーションを行った場合に，successive non-candidate ルールでは $k \simeq 0.19n$ で最適な成功確率が得られ，その成功確率は 0.35 となっていました。一方，candidate count ルールでは $k \simeq 0.05n$ で最適な成功確率 0.21 を記録しています。

【練習問題 6.2 ★★】 秘書問題 (2)

> 秘書問題のシミュレーションを作ってみましょう。各種の戦略を選びその成功確率を表示します。パラメータとして
> - 面接人数
> - 採用するための戦略
> - 試行回数
>
> を設定できるようにします。出力は 10 000 回のラウンドで生き残った回数を表示します。

ここまで，三つの代表的な戦略を説明しました。これらについては文献[65]などで詳細な実験的解析が行われています。さらに人間が秘書問題のような状況に接したときに実際にどのような戦略を取るのかについての認知科学的な研究も行われています[85]。それによると，通常は人間は準最適であり，三つの戦略を組み合わせた方法を取っているそうです（ただし必ずしも最適なパラメータではありません）。

本節では，「次々と候補者が現れる場合に第 1 順位のものを選ぶ確率を最大にする」という選択の問題について説明しました。ここで得られた 37% は興味深いものです。最初の 1/3 程度は無条件で見送るほうがよく，その間に暫定トップを吟味するというヒューリスティクスは覚えておくとよいかもしれません。

なお，これはジェフリー・ミラー（Geoffrey Miller）により発案された法則とも言われています。

このヒューリスティクスを使うには候補者の総数があらかじめ分かっていなくてはなりません．もし総数が分からないならば，次の「1ダース法」と呼ばれるヒューリスティクスも知られています[49]．

1ダース法

- 最初の12個の候補については選択せずに観察し，そのトップを記憶する．
- そのあとで登場する候補から，12個のトップよりも優れた候補を選択する．

余談ですが，あるとき筆者が大学の講義で秘書問題を課題として扱ったときのことです．レポートの感想に以下のようにコメントしていた学生がいました．「先月，4年間付き合った彼女に振られてしまいかなり落ち込んでいたが，この人ははじめに出会う37%であり今後最良の人が現れるのだと考えて自分を慰めることができた．この課題に取り組むことは自分にとって最良の選択であった．」

【練習問題 6.3 ★★】　秘書問題 (3)

ここで説明した三つのルール以外にも，秘書さんを採用する基準は考えられます．自分なりの基準を考えて，その成功確率（最良の候補を選べる確率）をシミュレーションで求めてみましょう．例えば次のような戦略を見てみます．

1. 面接の最初から第1順位でない候補者が $k-1$ 人出現した後の次の（最初の）第1順位となる候補者を採用する．
2. 面接の最初から第1順位でない候補者の人数が第1順位となる候補者の人数より k 人多くなったら次に来た候補者を選ぶ．
3. 第1位となる候補者は後のほうに来るほど優れていると考えられる．そのため，第1位となる候補者が来た場合に，いままで面接した数が多いほど採用しやすくする．

これらの戦略において，最適な成功確率（とそれを与える k の値）を実験で求め

てください。
　このほかにもどのような戦略が考えられるでしょうか？　またそれらの特徴はどのようなものでしょうか？

6.2　分割問題：公平に分割するのは難しい

次のように分割する問題を考えてみましょう。

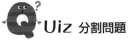

Quiz 分割問題

　与えられた n 個の整数 $a_1, \cdots, a_n$ を二つの集合に分け，一つの集合内の数の和がもう一つの集合内の数の和と等しくなるようにできるかどうかを判定せよ。

　この判定は一見簡単に見えますが，じつは非常に奥が深い問題です（以下の記述は文献[48]をもとにしている）。例えば，$\{2, 10, 3, 8, 5, 7, 9, 5, 3, 2\}$ の10個の数の完璧な分割は見つけられるでしょうか？
　ちょっと考えてみると，$\{2, 5, 3, 10, 7\}$ と $\{2, 5, 3, 9, 8\}$ という分割があって，どちらも和は27となります。この場合，分割方法は23通り存在します（対称を除く）。これはまれな例ではありません。1から10までの自然数10個からなる組合せについて，99％以上の場合に完璧な分割が可能であることが分かっています。
　では，自然数の数が大きくなるとどうなるでしょうか？　例えば1000個の1から10の自然数ではどうでしょう？
　このように数が多くなると判定にはとても時間が掛かります†。そのため効率的なアルゴリズムが必要になってきます。
　例えば最も簡単なアルゴリズムとして，山登り法（31ページ参照）の一つで

---

† 実際にはNP完全と呼ばれる計算困難な問題クラスに属することが分かっている。

6. 最適化の難問に挑戦しよう

ある欲張りアルゴリズムがあります。

> **欲張りアルゴリズム**
> 1. 数を大きな順に並べる。
> 2. 大きき順から，その時点で和が小さいほうの組に割り当てていく。

欲張りアルゴリズムを適用してみましょう。例えば，$\{25, 7, 17, 8, 10, 4\}$ という集合の分割を考えてみます。このとき，数を大きな順に並べると，分割すべき集合は $\{25, 17, 10, 8, 7, 4\}$ となります。この後もアルゴリズムを続けると**表6.3**のようになります。

表6.3 欲張りアルゴリズムの実行例

分割すべき集合	$\{25, 17, 10, 8, 7, 4\}$	$\{17, 10, 8, 7, 4\}$	$\{10, 8, 7, 4\}$
集合1	ϕ	$\{25\}$	$\{25\}$
集合2	ϕ	ϕ	$\{17\}$
食違い		25	8

分割すべき集合	$\{8, 7, 4\}$	$\{7, 4\}$	$\{4\}$	ϕ
集合1	$\{25\}$	$\{25, 8\}$	$\{25, 8\}$	$\{25, 8, 4\}$
集合2	$\{17, 10\}$	$\{17, 10\}$	$\{17, 10, 7\}$	$\{17, 10, 7\}$
食違い	2	6	1	3

欲張り法はどのくらい効率的かを考えてみましょう。この場合の効率とは

- 速さ：実行するのにどのくらいの時間（演算，比較，入れ替えなどの操作数）が掛かるか？
- 正確さ：解の質，つまり最終的な食違いがどの程度少ないか？

を意味します。例えば，ランダムに1万個の整数を発生させて分割可能かを確かめてみましょう。効率はどのくらいでしょうか？

1960年代に当時ベル研究所にいたロナルド・グラハム（Ronald Graham）は最悪な状況の解析を行って，欲張りアルゴリズムを用いるとどのような集合が与えられたとしても食違いが16%程度に抑えられることを証明しました[52]。グラハムはこの問題をスケジュール問題に変換できることを利用しています[67],[72]。

つまり集合の要素値（重み）をタスクの実行に必要な時間と解釈して，すべてのタスクを最短で終えるスケジューリング問題を解析しました．その後，グラハムが用いた最悪状況解析は最適化における基本手法となっています．

では，より効率的なアルゴリズムを考えてみます．有名な方法として差分法を紹介しましょう．これは 1982 年に UCB（カリフォルニア大学バークレー校）のナレンドラ・カーマーカー（Narendra Karmarkar）[†]とリチャード・カープ（Richard Manning Karp）が発表した方法です[74]．これは次のように各段階でもととなる集合から数を二つ選んでは，それらの差の絶対値で置き換える方法です．

差分法

1. 各段階でもととなる集合から数を二つ選んでは，それらの差の絶対値で置き換える（順方向フェーズ）．
2. 選んだ二つの整数のどちらがどの組に行くかは決めず，とりあえず別々の組に行くことのみ決める．
3. この作業を残る数が 1 個になるまで続けると，残った数がその分割による食違いになる．
4. その後で作業を逆にたどり分割を再構成する（逆方向フェーズ）．

差分法を $\{25, 7, 17, 8, 10, 4\}$ に適用してみましょう．まず分割すべき集合がソートされ $\{25, 17, 10, 8, 7, 4\}$ が得られます．次に**表 6.4** のように実行が進みます．ここで順方向フェーズで選ばれた二つの数については下線を引いて示しています．実行の結果，分割の食い違いは 1 となりました．これは欲張り法の食い違い値 (3) を改善しています．

さて，差分法は本当によいのでしょうか？　計算量はソートを伴うため欲張

[†] 線形計画問題を多項式時間で解く内点法のアルゴリズムの開発者で有名．このアルゴリズムとソフトウェア特許を巡る話題については文献[25]に詳しい．

148   6. 最適化の難問に挑戦しよう

表 6.4 差分法の実行例

(a) 順方向フェーズ

分割すべき集合	{25,17,10,8,7,4}	{10,8,8,7,4}	{8,7,4,2}	{4,2,1}	{2,1}	{1}
差	8	2	1	2	1	

(b) 逆方向フェーズ

分割すべき集合	{1}	{2,1}	{4,2,1}	{8,7,4,2}	{10,8,8,7,4}	{25,17,10,8,7,4}
差		1	2	1	2	8
集合1	{1}	{2}	{4}	{7,4}	{8,7,4}	{25,7,4}
集合2	ϕ	{1}	{1,2}	{8,2}	{10,8}	{17,10,8}
食違い	1	1	1	1	1	1

り法と同じく $O(n \log n)$ となります。理論的な解析によると，n 個の一様分布な数（0 と 1 の間の数）の分割の場合，欲張り法では最終的な差は $O(1/n)$ であるのに対して，差分法では $O(1/n^{\alpha \log n})$ となります（α はある定数）[79]。そのため解の質において差分法は欲張り法を劇的に改善しています。

シミュレーションにより整数をランダムに生成して分割問題の探索を試してみました。その結果を**表 6.5** に示します。これは実験を 10 000 回繰り返したものです。全探索は文字どおりすべての候補を探して最適値を得るものです。しかし計算量が多いので，$L = 1000, N = 200$ では実行できませんでした（表の－印）。この表を見ると，自然数の個数（L）に対して最大値（N）の値が小さければ欲張り法や差分法がともによい精度を与えていますが，大きくなると差分法が優位になる傾向が見てとれます。

上手くいかなかった場合を考えてみましょう。ここで

$$\{771, 121, 281, 854, 885, 734, 468, 1\,003, 83, 62\}$$

表 6.5 分割問題の比較実験の結果

	$L = 10$ $N = 10$	$L = 10$ $N = 1000$	$L = 1000$ $N = 200$
全探索法	0.519	5.256	－
欲張り法	0.809	72.756	0.472
差分法	0.56	65.92	0.476

の 10 個の数を例にします。これは完璧に分割できることが分かっています。
実際

{771, 121, 854, 885}

{281, 734, 468, 1 003, 83, 62}

の分割では，それぞれの合計が 2 631 で差は 0 となります。ところが欲張りアルゴリズムでは

{1 003, 771, 468, 281, 83}

{885, 854, 734, 121, 62}

となって上手くいきません（差は 50）。差分法でも以下のような分割が得られてしまいます（差は 44）。

{62, 734, 854, 1 003}

{83, 121, 281, 468, 771, 885}

ではほかに上手くいく方法はないのでしょうか？　その方法の一つとして，5.8 節で述べたメタヒューリスティクスの方法が知られています。これらの有効性を試すには，ランダムに問題を生成したり，意地悪な問題をわざと作って見てみることが考えられます。また前もってデータをソートするのは効率に関してはマイナスです。

　では，分割問題について GA を用いて解いてみましょう。GA の詳細や参考にしたサンプルプログラムについては文献[7] を参照してください。GA の遺伝子型はバイナリ列とし，0 は第一の集合，1 は第二の集合をコード化すると考えます。適合度は得られた分割の差から計算し，小さいほどよくなります。**図 6.5** は**表 6.6** のパラメータで GA を実行した結果を示しています[†]。ここでは，先ほどの {771, 121, 281, 854, 885, 734, 468, 1 003, 83, 62} の 10 個の数を分割し

[†]　説明のため極端なパラメータを使用している。通常の GA の適用では集団数や突然変異率をこの表のようには設定しない。

```
# parents xsite gtype     ptype                                          fitness
0  (  0,  0)  0 [1101010011]{281,885,468,1003} {771,121,854,734,83,62} +12.000
1  (  0,  0)  0 [0111101000]{771,734,1003,83,62} {121,281,854,885,468} +44.000
2  (  0,  0)  0 [1110101011]{854,734,1003} {771,121,281,885,468,83,62} +80.000
3  (  0,  0)  0 [0010011110]{771,121,854,885,62} {281,734,468,1003,83} +124.000
4  (  0,  0)  0 [1010010110]{121,854,885,468,62} {771,281,734,1003,83} +482.000
5  (  0,  0)  0 [0010110100]{771,121,854,468,83,62} {281,885,734,1003} +544.000
6  (  0,  0)  0 [0011010101]{771,121,885,468,83} {281,854,734,1003,62} +606.000
7  (  0,  0)  0 [1010000111]{121,854,885,734,468} {771,281,1003,83,62} +862.000
8  (  0,  0)  0 [0000111001]{771,121,281,854,1003,83} {885,734,468,62} +964.000
9  (  0,  0)  0 [0011111000]{771,121,1003,83,62} {281,854,885,734,468} +1182.000
10 (  0,  0)  0 [0101000100]{771,281,885,734,468,83,62} {121,854,1003} +1306.000
11 (  0,  0)  0 [0000100101]{771,121,281,854,734,468,83} {885,1003,62} +1362.000
12 (  0,  0)  0 [0001100011]{771,121,281,734,468,1003} {854,885,83,62} +1494.000
13 (  0,  0)  0 [1010010101]{121,854,734,83} {771,281,885,468,1003,62} +1678.000
14 (  0,  0)  0 [1110001010]{854,885,734,1003,62} {771,121,281,468,83} +1814.000
15 (  0,  0)  0 [0001111100]{771,121,281,83,62} {854,885,734,468,1003} +2626.000
16 (  0,  0)  0 [0010010011]{771,121,854,885,468,1003} {281,734,83,62} +2942.000
17 (  0,  0)  0 [1001101111]{121,281,734} {771,854,885,468,1003,83,62} +2990.000
18 (  0,  0)  0 [1101101101]{281,734,83} {771,121,854,885,468,1003,62} +3066.000
19 (  0,  0)  0 [0100100000]{771,281,854,734,468,1003,83,62} {121,885} +3250.000
20 (  0,  0)  0 [1001110111]{121,281,468} {771,854,885,734,1003,83,62} +3522.000
21 (  0,  0)  0 [1011101111]{121,734} {771,281,854,885,468,1003,83,62} +3552.000
22 (  0,  0)  0 [1000000001]{121,281,854,885,734,468,1003,83} {771,62} +3596.000
23 (  0,  0)  0 [1111110100]{468,83,62} {771,121,281,854,885,734,1003} +4036.000
24 (  0,  0)  0 [0000000011]{771,121,281,854,885,734,468,1003} {83,62} +4972.000
total mutate 0
世代 0, 最良適合度 12.000000, 平均適合度 1884.240000, 最悪適合度 4972.000000,
最良個体の表現型 {281,885,468,1003} {771,121,854,734,83,62}
最良個体の遺伝子型 [1101010011]
```

(a) 世代 0 の様子

```
# parents xsite gtype     ptype                                          fitness
0  (  3,  0)  7 [0010011111]{771,121,854,885} {281,734,468,1003,83,62} +0.000
1  (  9,  2)  3 [0011101011]{771,121,734,1003} {281,854,885,468,83,62} +4.000
2  (  0,  0)  9 [1101010011]{281,885,468,1003} {771,121,854,734,83,62} +12.000
3  (  0,  0)  9 [1101010011]{281,885,468,1003} {771,121,854,734,83,62} +12.000
4  (  1,  1)  9 [0111101000]{771,734,1003,83,62} {121,281,854,885,468} +44.000
5  (  1,  4)  8 [0111101000]{771,734,1003,83,62} {121,281,854,885,468} +44.000
6  (  2,  2)  2 [1110101011]{854,734,1003} {771,121,281,885,468,83,62} +80.000
7  (  2,  2)  2 [1110101011]{854,734,1003} {771,121,281,885,468,83,62} +80.000
8  (  2,  2)  5 [1110101011]{854,734,1003} {771,121,281,885,468,83,62} +80.000
9  (  2,  2)  5 [1110101011]{854,734,1003} {771,121,281,885,468,83,62} +80.000
10 (  0,  3)  7 [1101010010]{281,885,468,1003,62} {771,121,854,734,83} +136.000
11 (  6,  1)  1 [0011101000]{771,121,734,1003,83,62} {281,854,885,468} +286.000
12 (  4,  1)  8 [1010010110]{121,854,885,468,62} {771,281,734,1003,83} +482.000
13 (  1,  6)  1 [0111010101]{771,885,468,83} {121,281,854,734,1003,62} +848.000
14 (  2,  9)  3 [1110111000]{854,1003,83,62} {771,121,281,885,734,468} +1258.000
15 (  7, 16)  1 [1010010011]{121,854,885,468,1003} {771,281,734,83,62} +1400.000
16 (  1,  2)  0 [0110010011]{771,854,734,1003} {121,281,854,885,468,62} +1462.000
17 (  2,  1)  0 [1111101000]{734,1003,83,62} {771,121,281,854,885,468} +1498.000
18 (  0,  1)  0 [1111101000]{734,1003,83,62} {771,121,281,854,885,468} +1498.000
19 (  6,  0)  0 [0101010011]{771,281,885,468,1003} {121,854,734,83,62} +1554.000
20 (  1,  0)  0 [0101010011]{771,281,885,468,1003} {121,854,734,83,62} +1554.000
21 (  0,  6)  0 [1011010101]{121,885,468,83} {771,281,854,734,1003,62} +2148.000
22 (  4,  1)  4 [1010001000]{121,854,885,734,1003,83,62} {771,281,468} +2222.000
23 ( 16,  7)  1 [0010000111]{771,121,854,885,734,468} {281,1003,83,62} +2404.000
24 (  1,  4)  4 [0111110110]{771,468,62} {121,281,854,885,734,1003,83} +2660.000
total mutate 0
世代 1, 最良適合度 0.000000, 平均適合度 873.840000, 最悪適合度 2660.000000,
最良個体の表現型 {771,121,854,885} {281,734,468,1003,83,62}
最良個体の遺伝子型 [0010011111]
```

(b) 世代 1 の様子

図 6.5 GA による分割問題の探索

6.2 分割問題：公平に分割するのは難しい

表 6.6 GA の実行パラメータ

パラメータ	値
遺伝子のコード長	10
集団数	25
生殖率†	0.9
エリート率	1.0
突然変異率	0.0
交叉率	1.0
最大世代数	100
選択方法	トーナメント方式
トーナメントサイズ	5

† 1 回の生殖で子どもと入れ替わる割合

ています。なお下の欄には，各世代での適合度の最大値，最小値，平均値，最良個体の表現型と遺伝子型が表示されています。また total mutate は突然変異の総数です（突然変異率は 0.0 なので 0 回）。GA で探索すると，最初のうちは適合度がまばらですが，世代が進むにつれ徐々に高いもが生き残っていくのが分かるでしょう。また差分法や欲張り法とは異なり複数の解を得ることができます。

【練習問題 6.4 ★★】 GA による分割問題

ランダムな自然数のデータを 1000 個生成し，GA の性能をしらみつぶし法，欲張り法，および差分法に対して比較してみましょう。

次に，より困難な分割として以下のような問題（Floyd の問題と呼ばれている）を考えてみましょう[4]。

Uiz Floyd の問題 (1)

1 から 50 までの整数がある。これを A と B の二つの集合に分け，それぞれにおいて平方根を取って和を取る。この和が最も近くなるように A と B を決めよ。

例えば A を奇数，B を偶数の集合とすると

$$A \text{ の平方根の和} = \sqrt{1} + \sqrt{3} + \cdots + \sqrt{49}$$

$$= 121.104\,453\,462\,293\,151$$

$$B \text{ の平方根の和} = \sqrt{2} + \sqrt{4} + \cdots + \sqrt{50}$$

$$= 117.931\,347\,141\,227\,647$$

$$\text{これらの差の絶対値} = 3.173\,106\,321\,065\,504$$

A を 3 の倍数，B をその他の集合とすると

$$A \text{ の平方根の和} = \sqrt{3} + \sqrt{6} + \cdots + \sqrt{48}$$

$$= 77.022\,907\,883\,216\,178$$

$$B \text{ の平方根の和} = \sqrt{1} + \sqrt{2} + \sqrt{4} + \sqrt{5} + \cdots + \sqrt{50}$$

$$= 162.012\,892\,720\,304\,620$$

$$\text{これらの差の絶対値} = 84.989\,984\,837\,088\,443$$

となります。つまり前者の分け方が望ましいことが分かります。最も近くなる分け方を求めるのが目的です。より形式的には，この問題は次のように定義できます。

Quiz Floyd の問題 (2)

$U = \{1, 2, 3, \cdots, 50\}$ としたとき

$$\left| \sum_{a \in A} \sqrt{a} - \sum_{b \in U-A} \sqrt{b} \right|$$

を最小とするような集合 A ($A \subseteq U$) を求めよ。

Floyd の問題に対して全探索をすれば評価回数 (計算量) は $2^{50}/2 \fallingdotseq 5.6 \times 10^{14}$ 程度です。このような大きな空間を通常のコンピュータアルゴリズムで探索するのはきわめて困難です。

6.2 分割問題：公平に分割するのは難しい　　*153*

例えば，欲張りアルゴリズムで探索した結果は以下のようになりました。

$$A = \{1, 4, 5, 8, 9, 12, 13, 16, 17, 20, 21, 24, 25,$$
$$28, 29, 32, 33, 36, 37, 40, 41, 44, 45, 48, 49\}$$

$$B = \{2, 3, 6, 7, 10, 11, 14, 15, 18, 19, 22, 23, 26,$$
$$27, 30, 31, 34, 35, 38, 39, 42, 43, 46, 47, 50\}$$

$$\sum_{a \in A} \sqrt{a} = 119.369\,127\,910\,834\,76$$

$$\sum_{b \in U-A} \sqrt{b} = 119.666\,672\,692\,686\,03$$

解の精度（差の絶対値）は $0.297\,544\,781\,851$ であり，あまりよくありません。

一方，差分法を用いた場合には次のようになりました。

$$A = \{1, 4, 6, 7, 9, 12, 14, 15, 18, 20, 21, 23, 26,$$
$$28, 29, 31, 34, 35, 38, 40, 41, 44, 45, 47, 50\}$$

$$B = \{2, 3, 5, 8, 10, 11, 13, 16, 17, 19, 22, 24, 25,$$
$$27, 30, 32, 33, 36, 37, 39, 42, 43, 46, 48, 49\}$$

$$\sum_{a \in A} \sqrt{a} = 119.517\,919\,732\,200\,98$$

$$\sum_{b \in U-A} \sqrt{b} = 119.517\,880\,871\,319\,82$$

解の精度（差の絶対値）は $3.886\,088\,116\,19 \times 10^{-5}$ です。

知られている最良解の一つは以下のもので，その解の精度（差の絶対値）は 10^{-12} です（整数を含めて 15 桁が一致)[†]。

$$A = \{7, 8, 12, 13, 15, 16, 25, 27, 30, 31, 33,$$
$$36, 37, 38, 41, 43, 44, 45, 46, 47, 48, 49\}$$

$$\sum_{a \in A} \sqrt{a} = 119.517\,900\,301\,760\,320\,754\,230\,296\,092$$

$$\sum_{b \in U-A} \sqrt{b} = 119.517\,900\,301\,760\,463\,739\,810\,150\,134$$

[†]　これはクヌース（89 ページ参照）のヒューリスティクスとして知られている。詳細は文献[4]を参照。

154   6. 最適化の難問に挑戦しよう

メタヒューリスティクスの例として，GA を適用して Floyd 問題の解を探索してみましょう。遺伝子型としては単純に 0,1 からなるバイナリ列を考えます。つまり，第 i 番目の遺伝子座が 1 のときが $i \in A$ を，0 のときが $i \in B$ を表します。例えば

$$10101010101010101010101010101010101010101010101010$$

は，A が奇数，B が偶数の集合という解候補を表現します。一方

$$00100100100100100100100100100100100100100100100100$$

は，A が 3 の倍数，B がそのほかの集合である解候補を表します。

適合度は

$$\text{適合度} = \left| \sum_{a \in A} \sqrt{a} - \sum_{b \in U - A} \sqrt{b} \right| \tag{6.4}$$

としましょう。この場合には適合度は正の値を取り，小さいほどよいことに注意してください。

Floyd の問題に関して GA を実行してみました。ここでは**表 6.7** にあるようなパラメータを用いました。実行結果のようすを**図 6.6** に示します。これは集団における最良適合度の推移を世代ごとにプロットしています。図 (a) は典型的な一回の実行例であり，図 (b) は 30 回のデータの平均を表します。図から分かるように GA が的確によりよい解を探索しています。

最終的に得られた解は

$$A = \{9, 16, 17, 20, 25, 26, 30, 31, 33, 34, 36,$$

$$37, 38, 39, 41, 42, 43, 44, 45, 48, 49\}$$

表 6.7　GA の実行パラメータ

パラメータ	値
集団数	3000
遺伝子のコード長	50
交叉率	0.9
突然変異率	0.05

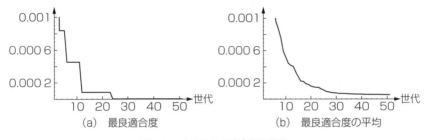

図 6.6 世代ごとの適合度の推移

$$\sum_{a \in A} \sqrt{a} = 119.517\,900\,308\,769\,018\,836\,544\,151\,477$$

$$\sum_{b \in U-A} \sqrt{b} = 119.517\,900\,294\,751\,765\,657\,496\,294\,750$$

となりました（適合度は $1.401\,725\,317\,904\,785\,672\,705\,783\,034\,92 \times 10^{-8}$）。

これまでに説明した手法おいて計算時間（実時間）や精度を評価してみると**表6.8**のようになりました。GA の評価回数は

$$\text{集団数} \times (\text{世代数} + 1) \times 30 = 3\,000 \times 51 \times 30 \fallingdotseq 4.59 \times 10^6$$

として計算されています。実験の詳細については文献[4]を参照してください。GA の性能を見ると，クヌースのヒューリスティクスのような作りこまれた手法には対抗できませんが，合理的な時間でよい成績が得られていることが分かります。

表 6.8 実行結果の比較

手　法	最良適合度	解の精度	評価回数	実時間	備　考
欲張りアルゴリズム	0.297 544 781 851	2桁	$O(n \log n)$	—	
差分法	$3.886\,088\,1 \times 10^{-5}$	6桁	$O(n \log n)$	—	
クヌースのヒューリスティクス	$1.429\,86 \times 10^{-13}$	15桁	6.7×10^7	18 秒	文献[4]
GA（一点交叉）	$3.170\,86 \times 10^{-6}$	8桁	4.59×10^6	123 秒	
GA（一様交叉）	$4.345\,32 \times 10^{-7}$	9桁	4.59×10^6	198 秒	
Messy GA	$1.401\,72 \times 10^{-8}$	10桁	4.59×10^6	108 秒	文献[3]

【練習問題 6.5 ★★★】 **Floyd の問題**

表 6.8 の実行例では知られている最良解にはそれほど近づけませんでした。この原因や改良法の詳細は文献[4]にあります。では，GA に限らずにこの問題をできるだけ効率的に解く方法を考えてみましょう。例えば，GA の初期世代の遺伝子型に欲張りアルゴリズムと差分法の結果を混ぜることで性能は改良されます。

6.3　荷物をどう詰めるか？

次のように荷造りをする問題を考えましょう（**図 6.7**）。

 荷造り問題

ベルトコンベアをいろいろな大きさ（サイズ）の荷物が N 個流れてくる。すべての荷物のサイズは L 単位以下とする。ここで最大で L 単位分の荷物が入る大きな箱がある。このとき，使う箱の数が最小になるように詰めるにはどうすればよいか？

例えば，以下の例題を扱ってみましょう。

- 荷物の数は $N = 25$ 個とし，箱のサイズを $L = 10$ とする。
- 荷物は次の順で流れてくる。

$$6, 5, 5, 5, 5, 4, 3, 2, 2, 3, 7, 6, 5, 4, 3, 2, 2, 4, 4, 5, 8, 2, 7, 1$$

ここでベルトコンベアという点に注意しましょう。このため

- 荷物をまとめて分類できない。
- 荷物が来るたびに一つずつ箱に詰めるしかない。
- 荷物の数が分からない。

という制約があります。なお，この制約は後に述べる解法では緩和していきます。以下ではこの問題を解くためのヒューリスティクスをいくつか説明します。

6.3 荷物をどう詰めるか？

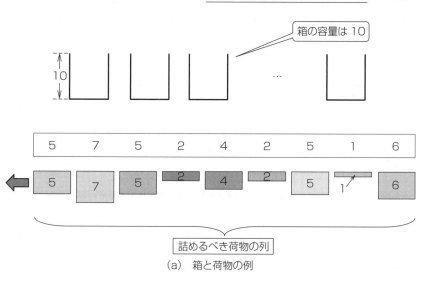

(a) 箱と荷物の例

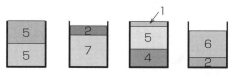

(b) 最適な詰め方（最適な箱の数：$N_0 = 4$）

$\dfrac{N_{next}}{N_0} \leqq 2$

(c) ネクストフィット法（箱の数：$N_{next} = 6$）

$\dfrac{N_{first}}{N_0} \leqq 1.7$

(d) ファーストフィット法（箱の数：$N_{first} = 5$）

図 6.7 荷造り問題

158　6. 最適化の難問に挑戦しよう

まず最初に説明するのはネクストフィット法です。これは最も簡単ですが，効率はよくないヒューリスティクスです。

ネクストフィット法

- 箱に詰められる限り荷物を詰める。
- 入らなくなったら次の箱に詰める。
- 箱はどんどん運ばれてしまうので，前の箱に詰め直すことはできない。

ネクストフィット法による詰め方を**表 6.9** に示します。

表 6.9　ネクストフィット法

荷物列	<u>6</u>,6,5,5,5,5,4,3,2,2,3,7,6,5,4,3,2,2,4,4,5,8,2,7,1
詰め方	まず 6 の荷物が来ると新しい箱に詰める。
箱の中	[6]

荷物列	6,<u>6</u>,5,5,5,5,4,3,2,2,3,7,6,5,4,3,2,2,4,4,5,8,2,7,1
詰め方	次の 6 の荷物はそこには入らないので新しい箱に詰める。
箱の中	[6],[6]

荷物列	6,6,<u>5</u>,5,5,5,4,3,2,2,3,7,6,5,4,3,2,2,4,4,5,8,2,7,1
詰め方	次の 5 の荷物もそこには入らないので 3 番目の箱に詰める。
箱の中	[6],[6],[5]

荷物列	6,6,5,<u>5</u>,5,5,4,3,2,2,3,7,6,5,4,3,2,2,4,4,5,8,2,7,1
詰め方	次の 5 の荷物は 3 番目の箱に入るのでそこに詰める。
箱の中	[6],[6],[5,5]

荷物列	6,6,5,5,<u>5,5</u>,4,3,2,2,3,7,6,5,4,3,2,2,4,4,5,8,2,7,1
詰め方	次とその次の 5 の荷物二つは新しい 4 番目の箱に詰める。
箱の中	[6],[6],[5,5],[5,5]

荷物列	6,6,5,5,5,5,<u>4,3,2,2,3,7,6,5,4,3,2,2,4,4,5,8,2,7,1</u>
詰め方	以上の結果，次のように最終的な箱の詰め方が求められる。
箱の中	[6],[6],[5,5],[5,5],[4,3,2],[2,3],[7],[6],[5,4],[3,2,2],[4,4],[5],[8,2],[7,1]

表では考慮対象となっている荷物に下線を引いて示しています。この場合，14 個の箱を使い，そのうち 3 個だけが満杯となっています。また無駄な（空き）スペースの合計が

$$4+4+1+5+3+4+1+3+2+5+2 = 34 \tag{6.5}$$

となっています。

前のほうの箱の空きスペースに荷物が詰められないのがネクストフィット法の欠点です。そこでファーストフィット法という少し改善したヒューリスティクスを説明します。これは，荷物がまだ入る箱の中で最初に来ていたものに荷物を詰めるとするものです。

> **ファーストフィット法**
> - 箱に詰められる限り荷物を詰める。
> - 前の箱に戻って詰めることもできるが，詰め直しはできない。
> - 入らなくなったら次の箱に詰める。

ファーストフィット法による詰め方を**表 6.10**に示します。

この場合，12個の箱を使い，そのうち6個が満杯となっています。また空きスペースの合計が

$$1+1+2+5+2+3=14 \tag{6.6}$$

となっています。

これらのヒューリスティクスに対して，次のような定理が証明されています[20],[72]。

定理 6.1 最適な箱の数を N_0 とし，ネクストフィット法による箱の数を N_{next}，ファーストフィット法による箱の数を N_{first} とすると，以下の不等式が成り立つ。

$$N_{next} \leq 2N_0 \tag{6.7}$$

$$N_{first} \leq [1.7 N_0] \tag{6.8}$$

ただし，それぞれに対して近似的に左辺の値になる問題例が構成できるため，左辺の係数はこれ以上減らすことはできない。

160   6. 最適化の難問に挑戦しよう

表 6.10 ファーストフィット法

荷物列	<u>6</u>,6,5,5,5,5,4,3,2,2,3,7,6,5,4,3,2,2,4,4,5,8,2,7,1
詰め方	まず 6 の荷物が来ると新しい箱に詰める。
箱の中	[6]
荷物列	6,<u>6</u>,5,5,5,5,4,3,2,2,3,7,6,5,4,3,2,2,4,4,5,8,2,7,1
詰め方	次の 6 の荷物はそこには入らないので新しい箱に詰める。
箱の中	[6],[6]
荷物列	6,6,<u>5</u>,5,5,5,4,3,2,2,3,7,6,5,4,3,2,2,4,4,5,8,2,7,1
詰め方	次の 5 の荷物もそこには入らないので 3 番目の箱に詰める。
箱の中	[6],[6],[5]
荷物列	6,6,5,<u>5</u>,5,5,4,3,2,2,3,7,6,5,4,3,2,2,4,4,5,8,2,7,1
詰め方	次の 5 の荷物は 3 番目の箱に入るのでそこに詰める。
箱の中	[6],[6],[5,5]
荷物列	6,6,5,5,<u>5,5</u>,4,3,2,2,3,7,6,5,4,3,2,2,4,4,5,8,2,7,1
詰め方	次とその次の 5 の荷物二つは新しい 4 番目の箱に詰める （ここまではネクストフィット法と同じ）。
箱の中	[6],[6],[5,5],[5,5]
荷物列	6,6,5,5,5,5,<u>4</u>,3,2,2,3,7,6,5,4,3,2,2,4,4,5,8,2,7,1
詰め方	次にくる 4 の荷物は，6 が入った最初の箱に詰められる。
箱の中	[6,4],[6],[5,5],[5,5]
荷物列	6,6,5,5,5,5,4,<u>3</u>,2,2,3,7,6,5,4,3,2,2,4,4,5,8,2,7,1
詰め方	次にくる 3 の荷物は，6 が入った 2 番目の箱に詰められる。
箱の中	[6,4],[6,3],[5,5],[5,5]
荷物列	6,6,5,5,5,5,4,3,<u>2,2,3</u>,7,6,5,4,3,2,2,4,4,5,8,2,7,1
詰め方	次の 2 の荷物二つと 3 の荷物一つは 5 番目の箱をつくって詰める。
箱の中	[6,4],[6,3],[5,5],[5,5],[2,2,3]
荷物列	6,6,5,5,5,5,4,3,2,2,3,7,6,5,4,3,2,2,4,4,5,8,2,7,1
詰め方	以上の結果，次のように最終的な箱の詰め方が求められる。
箱の中	[6,4],[6,3,1],[5,5],[5,5],[2,2,3,3],[7,2],[6,4],[5,2,2],[4,4],[5],[8],[7]

なお, [·] は天井関数であり, 小数点以下切り上げて整数にします。つまりこの定理によると, ネクストフィット法による箱の数は最適値の 2 倍よりは悪くなく, またファーストフィット法は 1.7 倍以下であることが分かります（図 6.7）。

ではもっと改善してみましょう。ファーストフィット法では, 後ろのほうに大きな荷物があると無駄なスペースが生じやすくなっています。前のほうの箱に残っている空きスペースは, 後になると小さくなっているので新たな箱が必要となります。これを改善するには, サイズの大きいものから詰めていくのがよいようです。

6.3 荷物をどう詰めるか？

ここで以下のようなヒューリスティクスの分類を考えます。

- オンラインヒューリスティクス：荷物に関する情報があらかじめ与えられず，時間の経過とともに分かる。
- オフラインヒューリスティクス：荷物の情報があらかじめすべて分かっている。

上で述べたネクストフィット法やファーストフィット法はオンラインヒューリスティクスです。

以下では効率を改善するためのオフラインヒューリスティクスについて考えます。まず最初は次の並替えを用いたネクストフィット法です。

並替えネクストフィット法

- すべての荷物を大きい順に並べ替える。
- 箱に詰められる限り荷物を詰める。
- 入らなくなったら次の箱に詰める。
- 箱はどんどん運ばれてしまうので，前の箱に詰め直すことはできない。

並替えネクストフィット法による詰め方を見てみましょう。まず，荷物列が

6,6,5,5,5,5,4,3,2,2,3,7,6,5,4,3,2,2,4,4,5,8,2,7,1

から

8,7,7,6,6,6,5,5,5,5,5,5,4,4,4,4,3,3,3,2,2,2,2,2,1

にソートされます。この結果

[8],[7],[7],[6],[6],[6],[5,5],[5,5],[5,5],
[4,4],[4,4],[3,3,3],[2,2,2,2,2],[1]

のような荷造りが得られます。

並替えネクストフィット法の場合，14個の箱を使い，そのうち4個が満杯となっています。また空きスペースの合計は

$$2+3+3+4+4+4+2+2+1+9 = 34 \tag{6.9}$$

で，もとのネクストフィット法と同じ改善されませんでした。

次に，並替えファーストフィット法という戦略を考えてみましょう。

並替えファーストフィット法

- すべての荷物を大きい順に並べ替える。
- 箱に詰められる限り荷物を詰める。
- 前の箱に戻って詰めることもできるが，詰め直しはできない。
- 入らなくなったら次の箱に詰める。

並替えファーストフィット法によって詰めてみると，ソートされた荷物列

8,7,7,6,6,6,5,5,5,5,5,5,4,4,4,4,3,3,3,2,2,2,2,2,1

に対しては

[8,2],[7,3],[7,3],[6,4],[6,4],[6,4],

[5,5],[5,5],[5,5],[4,3,2,1],[2,2,2]

のような荷造りが得られます。

並替えファーストフィット法の場合，11の箱を使い，そのうち10個が満杯となっています。また空きスペースの合計は

$$\text{最後の箱の空き} = 4 \tag{6.10}$$

となりました。この効率を考えてみます。荷物の合計は

$$6+6+5+5+5+5+4+3+2+2+3+7+6+5$$
$$+4+3+2+2+4+4+5+8+2+7+1 = 106$$

です。一方，箱の容量は10なので箱は11個少なくとも必要です。無駄になるスペース（空きスペース）は4以上のはずなので，この詰め方が最適解であることが分かります。

このように並替えファーストフィット法は効率がよさそうです。実際に次の

6.3 荷物をどう詰めるか？   *163*

定理が証明されています[20]）。

📖 定理 6.2　最適な箱の数を N_0 とし，並替えファーストフィット法
による箱の数を $N_{sortfirst}$ とすると，以下の不等式が成り立つ。

$$N_{sortfirst} \leqq \frac{11}{9}N_0 + 4 \tag{6.11}$$

また，近似的に次の式を満たすような問題例が存在する。

$$N_{sortfirst} \geqq \frac{11}{9}N_0 \tag{6.12}$$

この定理から，漸近的に並替えファーストフィット法の性能は最適値の 11/9 程
度であることが分かります。

　荷作り問題についてシミュレーション実験をして，上で述べた戦略を比較し
てみましょう。ここでは，荷物の数を 30 個，箱のサイズを 10 とします。荷物
の大きさとしては 1 から 10 までの整数とし，ランダムな荷物列のデータを 100
個程度生成します。実験の結果を**表 6.11** に示します。

表 6.11　手法の比較

	ネクスト フィット法	ファースト フィット法	並替え ネクスト フィット法	並替え ファースト フィット法
箱　数	4.10 (1.19)	1.29 (0.66)	3.20 (0.67)	0.60 (0.57)
空きスペース	40.98 (118.64)	12.94 (65.76)	32.02 (66.92)	6.05 (56.90)

　この表では，箱詰めの効率として，必要な箱の数および空きスペース量につ
いての平均値と分散値（括弧内の値）を示しています。この結果は上述の考察
を裏付けていて

並替えファーストフィット法 ≧ ファーストフィット法

≧ ネクストフィット法

≒ 並替えネクストフィット法

の成績順となっています。

では,並替えファーストフィット法は本当に最適なのでしょうか? 必ずしもそうとは限りません。ほかもさまざまなヒューリスティクスを考えることができます。例えば,次のベストフィット法はファーストフィット法とほぼ同じ性能ですが,空きスペースの期待値をやや改善することが分かっています[20]。

ベストフィット法

- 箱に詰められる限り荷物を詰める。
- 前の箱に戻って詰めることもできるが,このとき残りスペース最大の箱に詰める。詰め直しはできない。
- 入らなくなったら次の箱に詰める。

荷造り問題は,別名(一次元)ビンパッキング問題と呼ばれ,メタヒューリスティクスによる最適化手法の例題として盛んに研究されています。一次元ビンパッキング問題の例題は OR ライブラリ†など多くのページからダウンロードすることができます。筆者のホームページ(まえがき参照)にも,P. Schwerin と G. Wäscher (1997) による問題例 BPP1~BPP100 を掲載しています。これらの問題の詳細は文献[63]を参照してください。

ここで GA を用いた解法について説明しましょう。前述のように,GA においては

- 適切なパラメータ調整
- 遺伝子コード化の工夫
- 交叉,突然変異の工夫

が重要です。とくにこの問題では遺伝子コードを的確に作成しないと,多くの致死遺伝子などが生じて効率的な探索ができません。最も単純なアイディアとして,入れるべき箱の番号を直接コード化する遺伝子型が思い浮かびますが,こ

---

† http://people.brunel.ac.uk/~mastjjb/jeb/orlib/binpackinfo.html (2016 年 3 月現在)

6.3 荷物をどう詰めるか？

れはそのままでは性能がよくありません（容易に箱があふれてしまう）。そこで

- ファーストフィット法で詰めていく順番を記述する。
- 荷物を詰められる箱の中での順番を記述する。

などの手法が考えられます。ほかにももっとよいものが考えられるでしょう。

このうち，最初の方法で GA を実装して実験してみました。集団数は 1 024 としています。**図 6.8** に BPP1 の実行結果を示します。この場合約 4 000 世代で最適値 17 が見つかっています。すべてのケースで GA は最適値を見つけています。実際，5 割のケースでは約 100 世代，8 割のケースでは約 1 000 世代，9 割のケースでは約 3 000 世代で最適解が求められました。

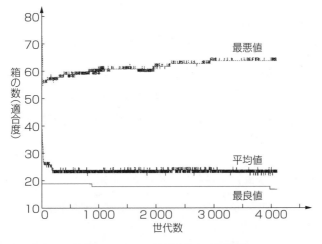

図 6.8 BPP1 に対する GA の探索

GA とほかの手法を比較してみました。**表 6.12** は空きスペースの平均値と標準偏差（いずれもパーセント値）を示しています（20 回の実験結果の統計値）。設定 1 では荷物の数を 1 000，荷物の大きさを 10〜120，箱の容量を 120 とし，設定 2 では荷物の数を 1 000，荷物の大きさを 100〜160，箱の容量を 200 としています。最も成績のよかったのは並替えファーストフィット法でした。その次の成績が GA とモンテカルロ法のファーストフィット[†]です。

[†] 順番をランダムにしてファーストフィット法を 500 回適用し，そのうちで最もよいものを選ぶ方法。

表 6.12 箱詰め問題の探索比較

手　法	設定1 平　均	設定1 標準偏差	設定2 平　均	設定2 標準偏差
ファーストフィット法	5.33553	0.518110	34.6295	0.335501
ランダムファーストフィット法	4.42203	0.597596	34.8575	0.259370
並替えファーストフィット法	2.26896	0.906614	34.6586	0.267107
ネクストフィット法	24.9377	0.569269	35.3847	0.271748
並替えネクストフィット法	22.3996	0.439718	34.7585	0.269054
GA（FF法の順番改良）	4.18686	0.506657	34.7242	0.210170
GA（NF法の順番改良）	22.2109	0.303079	34.9729	0.331735

　GA は平均としては並替えファーストフィット法に劣っていましたが，次のような問題を考えてみましょう．

3,3,3,3,2,2,2,2,3,3,3,3,2,2,2,2,3,3,3,3,2,2,2,2

ここで荷物の数は 25, 箱の大きさは 10 とします．これは並替えファーストフィット法が最適解にいたることができない意地悪な問題です．一方，GA を用いると 1000 回の試行すべてについて最適解を求めることがとができています．このことは GA の頑強性を示しています．また GA は並替えを必要としていないことにも注意してください．

【練習問題 6.6 ★★】　GA による荷造り問題

　ビンパッキング問題を解くプログラムを作成し，探索性能を並替えファーストフィット法と比較してみましょう．

　テスト用のデータとして OR ライブラリ（164 ページの脚注参照）を使用しましょう．このファイルには，100 ケースのデータが含まれています．各ケースのフォーマットは次の通りです．

' 問題名問題インデックス'
異なる重さのアイテムの個数
箱の容量
アイテム 1 の重さその個数
アイテム 2 の重さその個数
アイテム 3 の重さその個数
...

6.3 荷物をどう詰めるか？ 167

 各ケースについて，荷物の個数は 100 個，箱の容量は 1000 としています。並替えファーストフィット法で実行すると，すべての場合において箱の個数 19 の解が得られます。一方，全ケースにおいて荷物の大きさの和は 17000 以上なので，箱の個数 17 未満の解は存在しないことも分かります。では，箱の個数が 18 以下の解が見つかるでしょうか？ GA やほかのメタヒューリスティクスを用いて探索してみましょう。

付録：プログラム

筆者のホームページ†にプログラム本体は掲載していますが，すぐに確認したい読者のため，以下のものについて付録にも掲載します。

- A.2　　Miller-Rabin 素数判定テスト　（1.2 節）
- A.26　パスカルの問題のシミュレーション関数　（2.1 節）
- A.27　ランダムな三角形 (1)　（2.2 節）
- A.28　ランダムな三角形 (2)　（2.2 節）
- A.30　検査パラドクス　（2.4 節）
- A.31　3 囚人の問題　（3.2 節）
- A.32　モンティ・ホール問題　（3.3 節）
- A.33　Kruskal カウント　（3.4 節）
- A.34　100 囚人の問題　（4.1 節）

【プログラム A.2】　Miller-Rabin 素数判定テスト

```c
#include <stdio.h>
#include <stdlib.h>
#include <math.h>

const long long int MAX = 1e18;
// witness for Miller-Rabin primality test
const int a[9] = {2, 3, 5, 7, 11, 13, 17, 19, 23};

// calculate x * y module p for big number (avoid overflow)
long long int mod_mul(long long int x, long long int y,
                      long long int p) {
    long long int res = 0;
    x %= p, y %= p;
    while (y > 0) {
        if(y & 1) {
            res += x;
            if(res >= p) res -= p;
        }
```

---

† http://www.iba.t.u-tokyo.ac.jp/の書籍サポートから辿れるページ（URL は 2016 年 3 月現在）

```
        x <<= 1, y >>= 1;
        if(x >= p) x -= p;
    }
    return res;
}


// calculate x^y module p
long long int mod_pow(long long int x, long long int y,
                      long long int p) {
    long long int res = 1;
    while (y > 0) {
        if (y & 1) res = mod_mul(res, x, p);
        x = mod_mul(x, x, p);
        y >>= 1;
    }
    return res;
}


// determine whether n is prime number
int is_prime(long long int n) {
    int i, j, s, pass;
    long long int d, x;
    if (n < 2) return 0;
    for (i = 0; i < 9; ++i) {
        if (n % a[i] == 0){
            if (n == a[i]) return 1;
            else return 0;
        }
    }
    // n - 1 = 2^s * d (d is odd number)
    d = n - 1, s = 0;
    while (d & 1 == 0) {
        d >>= 1;
        s++;
    }
    for (i = 0; i < 9; ++i) {
        x = mod_pow(a[i], d, n);
        if (x == 1 || x == n - 1) continue;
```

170　付録：プログラム

```c
        pass = 0;
        for (j = 1; j < s; ++j) {
            x = mod_mul(x, x, n);
            if (x == 1) return 0;
            if (x == n - 1) {
                pass = 1;
         printf("3:x = %d \n",x);
                break;
            }
        }
        if (pass == 1) continue;
        return 0;
    }
    return 1;
}

int old_test(long long int n) {
    long long int i, j;
    j = (int) sqrt((double)n);
    for (i = 2; i <= j; ++i)
       if (n % i == 0) return 0;
    return 1;
}

/* 実験回数の上限 */
#define MAX_NUM 100000


int main(int argc, char *argv[]) {
    int i, j, first_prime;
    long long int n, ct=0;

    n = 0;
    srand((unsigned)time(NULL));

    while (ct++ <MAX_NUM){
        n = rand();
        if (is_prime(n) !=  old_test(n)) {
```

付 録：プ ロ グ ラ ム　　*171*

```
              printf("%lld    はエラー\n",n);
//              printf("is_prime = %d\n", is_prime(n));
//              printf("old_test = %d\n", old_test(n));
        }
        if (ct % 100 == 0) printf("%d\n", ct);
    }
    return 0;
}
```

【プログラム A.26】　パスカルの問題のシミュレーション関数

```
#include <stdio.h>
#include <time.h>
#include <stdlib.h>
#define SimTime 10000000 //シミュレーションの回数

int main(){
  sim(0,1); //勝数が 0 対 1 のとき
  sim(2,1); //勝数が 2 対 1 のとき
  return 0;
}

void sim(int win1,int win2){//勝数：A を win1, B を win2 とする
  int p1_win ,p2_win;
  int sum_p1_win= 0 ,sum_p2_win = 0;
  int i;
  srand((unsigned)time(NULL));
  printf("%d 回投げたとき当たりが A(%d) 対 B(%d) のとき\n",
                 win1 + win2,win1,win2);
  for(i = 0;i < SimTime;i++){
    p1_win = win1;
    p2_win = win2;
    while(p1_win < 3 && p2_win < 3){
      if(rand()%2 == 0) p1_win++; //表のとき A の当たり
        else p2_win++; //裏のとき B の当たり
      if(p1_win == 3) sum_p1_win++; //A が勝った
      if(p2_win == 3) sum_p2_win++; //B が勝った
```

```
     }
  }
  printf("A の勝率は%f, B の勝率は%f となる\n",
  (double)sum_p1_win/SimTime,(double)sum_p2_win/SimTime);
}
```

【プログラム A.27】 ランダムな三角形 (1)

```
#include<stdio.h>
#include<math.h>
#include <stdlib.h>
#include <time.h>
#define PI 3.1415

double D(double x1,double y1,double x2,double y2)
//二点間の距離を求める   (x1,y1) (x2,y2)
{
  double i=0;
  return sqrt((x1-x2)*(x1-x2)+(y1-y2)*(y1-y2));//三平方の定理
}

main()
{
  int count=0;
  int i,x,c1,c2;
  srand((unsigned)time(NULL));
  for(i=0;i<100000;i++){ //100000 回試してみる
    x=rand();
    c1=rand();
    c2=rand(); //ランダムに座標を設定
    if(x<c1) count++; //条件 1
    if((0<x<c1) & (D(x/2,0,c1,c2)<(x/2)))
        count++ ;//条件 2
    }
  printf("確率は%f%%\n",((double)count/100000)*100);
  printf("理論値%f%%\n",100*3/(8-(6*sqrt(3)/PI)));
}
```

付 録：プ ロ グ ラ ム　　*173*

【プログラム A.28】　ランダムな三角形 (2)

```c
#include<stdio.h>
#include<math.h>
#include <stdlib.h>
#include <time.h>

double D(double x1,double y1,double x2,double y2)
//二点間の距離を求める　 (x1,y1)(x2,y2)
{
  double i=0;
  return sqrt((x1-x2)*(x1-x2)+(y1-y2)*(y1-y2));//三平方の定理
}


main()
{
  int count=0;
  int i,theta,n;
  double x1,y1,x2,y2,x3,y3,a,b,c,w;
  srand((unsigned)time(NULL));
  for(i=0;i<100000;i++){ //100000 回試してみる
      theta=rand();
      x1=cos(theta); y1=sin(theta);
      theta=rand();
      x2=cos(theta); y2=sin(theta);
      theta=rand();
      x3=cos(theta); y3=sin(theta);
      a = D(x1,y1,x2,y2);
      b = D(x2,y2,x3,y3);
      c = D(x3,y3,x1,y1);
      n=0;
      do{ //a が最大辺となるように置き換える
          w=a;a=b;b=c;c=w;n++;
      } while((a<=b||a<=c)&&n<3);
    if(a*a>b*b+c*c) count++;
  }
  printf("確率は%f%%\n",((double)count/100000)*100);
```

174 付録：プログラム

```
}
```

【プログラム A.30】 検査パラドクス

```c
#include<stdio.h>
#include<math.h>
#include <stdlib.h>
#define PERIOD 10.0
#define MAXTIMES 1000000
double VAR = 1.0; //バスの到着の幅

double rand01() // [0.0...1.0] の一様分布乱数
{
    return (rand() / (1.0 + RAND_MAX));
}

double nextbus() //次にバスが来る時間を返す
{
    return(PERIOD + VAR * (rand01() - 0.5));
}

main()
{
  int i,j;
  double total=0.0, now, bus;
  VAR = 0.0;
  for (j=0;j<=10;j++){ // VAR を変えて実行する
    total = 0.0;
    for(i=0;i<MAXTIMES;i++){ //100000 回試してみる
      now = PERIOD * rand01(); //バス停に人が到着する時間
      for (;;){  //バスのランダムな到着時間：現時点 now より後にする
          bus = nextbus();
          if (bus > now)  break;
      }
      total += bus - now;
    }
    printf("到着時間 [%f,%f] のとき，待ち時間の平均は%f\n",
```

付録：プログラム　　175

```
                PERIOD-VAR/2, PERIOD+VAR/2,total/MAXTIMES);
        VAR += 0.5;
    }
}
```

このプログラムには一様分布の扱いに関してバグがあり，理論値とは一致しません。
読者はどこが間違いか分かるでしょうか？　ヒントは，バスが 10 分より遅れてきた
場合に人が 10 分後〜バス到着の間に来るパターンが考慮されていないことです。つ
まり，予定よりバスが遅れたために幸運にも間に合ったケースが考慮されていません。
そのためこのプログラムは真に検査パラドクスをシミュレートしていません。ではど
のように考えてプログラムを書けばよいでしょうか？

【プログラム A.31】　3 囚人の問題

```
#include <stdio.h>
#include <stdlib.h>
#include <time.h>
#define SimTime 5000000

/* 0 と 1 の間の実数乱数を発生する関数 */
double random01()
{
    return (double)rand()/((double)RAND_MAX+1);
}

void Sim(double p_a, double p_b)
{
    int a_live1 = 0; //囚人 A が恩赦された回数
    int a_live2 = 0; //看守に B が処刑されると明かされた回数
    int a_live3 = 0; //看守に C が処刑されると明かされた回数
    int a_live4 = 0;
        //看守に B が処刑されると明かされて，かつ囚人 A が恩赦された回数
    int a_live5 = 0;
        //看守に C が処刑されると明かされて，かつ囚人 A が恩赦された回数
    char be_pardoned; //おのおのの試行においてだれが恩赦されるか
    char be_revealed; //看守が与える情報
    int i;
    double r;
```

176　付録：プログラム

```c
    for(i = 0;i < SimTime;i++){
      /* だれが恩赦されるか */
      r = random01();
      if(r <= p_a) be_pardoned = 'a';
      else if(r <= p_a+p_b) be_pardoned = 'b';
      else be_pardoned = 'c';

      /* 看守が与える情報 (BとCのどちらが処刑される囚人か) */
      if(be_pardoned == 'a'){/* Aが恩赦されるとき */
        r = random01();
        if(r <= 0.5) be_revealed = 'b';
        else be_revealed = 'c';
      }
      /* Bが恩赦されるとき */
      if(be_pardoned == 'b') be_revealed = 'c';
      /* Cが恩赦されるとき */
      if(be_pardoned == 'c') be_revealed = 'b';

      if(be_pardoned == 'a') a_live1++;
      if(be_revealed == 'b') a_live2++;
      if(be_revealed == 'c') a_live3++;
      if(be_pardoned == 'a' && be_revealed == 'b') a_live4++;
      if(be_pardoned == 'a' && be_revealed == 'c') a_live5++;
    }
    /* シミュレーションの結果出力 */
    printf("恩赦される確率: a=%f, b=%f, c=%f\n",
                p_a, p_b, 1.0-p_a-p_b);
    printf("看守に情報を貰わなかった場合にAが助かる確率%f\n",
                (double)a_live1/(double)SimTime);
    printf("Bが処刑されると明かされた場合にAが助かる確率%f\n",
                ((double)a_live4)/(double)a_live2);
    printf("Cが処刑されると明かされた場合にAが助かる確率%f\n\n",
                ((double)a_live5)/(double)a_live3);
}

int main()
{
```

付 録:プログラム　　*177*

```c
    srand((unsigned)time(NULL));
    double p_a = 1.0/3;      //A が恩赦される確率
    double p_b = 1.0/3;      //B が恩赦される確率
    Sim(p_a, p_b);
    return 0;
}
```

【プログラム A.32】 モンティ・ホール問題

```c
#include <stdio.h>
#include<stdlib.h>
#include<time.h>
#define NUM_DOORS 3

int monty(int change)
{
    int i = 0, doors[NUM_DOORS] = {0};
          //各扉，1 なら当たり，-1 なら見せた
    doors[rand()%NUM_DOORS] =1;
    int mychoice = rand()%NUM_DOORS;//選ぶ

    //ここで見せる
    for(i = 0; i < NUM_DOORS; i++)
        if(doors[i] == 0 && i != mychoice)
        {
            doors[i] = -1;
            break;
        }
    if(change) //扉を変更するとき
        for(i = 0; i < NUM_DOORS; i++)
            if(doors[i] != -1 && i   != mychoice)
            {
                mychoice = i;
                break;
            }
    return (doors[mychoice] == 1);   //当たりか否か
}
```

178 付録:プログラム

```c
int main()
{
    int i = 0, num_win = 0;
    srand((unsigned)time(NULL));

    //変更なしを 10000 回試す
    for(i = 0; i < 100000; i++)  if(monty(0)) num_win++;
    printf("変更無しでの勝率は%.6f\n", (double)num_win / i);

    //変更ありを 10000 回試す
    num_win = 0;
    for(i = 0; i < 100000; i++)  if(monty(1)) num_win++;
    printf("変更ありでの勝率は%.6f\n", (double)num_win / i);

    return 0;
}
```

【プログラム A.33】 Kruskal カウント

```c
#include <stdio.h>
#include <stdlib.h>
#include <time.h>
#define LOOPS (1000) /* 試行回数 */

/* 関数のプロトタイプ宣言 */
void shuffle();
double kruskal(int);
int last_card(int);

/* J,Q,K を何の数字とみなすかを表すフラグ定数 */
enum{
  JQK_ORIGINAL, /* 11,12,13 とみなす */
  JQK_10,       /* 10 とみなす */
  JQK_5         /* 5 とみなす */
};
```

付録：プログラム　　*179*

```c
int cards[52];   /* 山札 */

int main(){
  /* 乱数の初期化 */
  srand(time(NULL));

  /* 結果の表示 */
  printf("JQK = 11,12,13 : %f%%\n", kruskal(JQK_ORIGINAL) * 100);
  printf("JQK = 10       : %f%%\n", kruskal(JQK_10) * 100);
  printf("JQK = 5        : %f%%\n", kruskal(JQK_5) * 100);

  return 0;
}

/* Kruskal count を行い最終カードが一致する確率を求める */
/* 引数には，J,Q,K を何の数字とみなすかのフラグを取る */
double kruskal(int JQK){
  int i,j;

  /* 山札の初期化 */
  for(i=0;i<13;i++){
    for(j=0; j<4; j++){
      if(i<10){
        cards[4*i+j] = i+1;
      }else{
        switch(JQK){
          case JQK_ORIGINAL:
            /* J,Q,K に 11,12,13 を割り当て */
            cards[4*i+j] = i+1;
            break;
          case JQK_10:
            /* J,Q,K に 10 を割り当て */
            cards[4*i+j] = 10;
            break;
          case JQK_5:
            /* J,Q,K に 5 を割り当て */
            cards[4*i+j] = 5;
            break;
```

```
      }
    }
  }
}


  /* Kruscal count を繰り返し実行 */
  int cnt=0;   /* 最終カードが一致した回数 */
  for(i=0; i<LOOPS; i++){
    /* ランダムに n を二つ選ぶ */
    int n1 = rand()%10;
    int n2 = rand()%10;

    /* カードをシャッフル */
    shuffle();

    /* 最終カードの確認 */
    if(last_card(n1) == last_card(n2)){
      cnt++;
    }
  }

  /* 最終カードの一致確率を返す */
  return cnt * 1.0 / LOOPS;
}

/* 最終カードを求める */
int last_card(int n){
  int cur = n;
  while(cur+cards[cur] < 52){
    cur += cards[cur];
  }
  return cur;
}

/* 山札をシャッフルする */
/* Fisher-Yates シャッフルを利用 */
void shuffle(){
  int i,r,tmp;
```

付録：プ ロ グ ラ ム　　181

```
  for(i=51;i>=1;i--){
    r = rand() % (i+1);
    tmp = cards[i];
    cards[i] = cards[r];
    cards[r] = tmp;
  }
}
```

【プログラム A.34】　100 囚人の問題

```
#include <stdio.h>
#include <stdlib.h>
#include <math.h>
#define NTRIALS 100000
#define MAXSIZE 100000
#define SIZE 100
int used[MAXSIZE]; //順列の配列

swapped(int n) //ランダムな順列を生成する
{
  int i, j, rnd;

  for (i = 0; i < n; i++)
    used[i] = i;
  for (i = n-1; i > 0; i--) {
    rnd = rand() % (i+1) ;
    j = used[i];  used[i] = used[rnd]; used[rnd] = j;
  }
}

search_used(int n) //n 番目の囚人の戦略実行
{
  int i,j;
  j=n;
  for (i= 0; i < SIZE/2; i++) {
      if (used[j]==n) return 1;
      j = used[j];
```

182   付録：プログラム

```
  }
  return 0;
}

not_killed(int n) //n番目の囚人が失敗するか，成功するか？
{
  int i;
  for (i= 0; i < n; i++) {
      if (search_used(i)==0) return 0;
  }
  return 1;
}

int main(void)
{
  int i, n;
  srand((unsigned) time(NULL));
  for (n = 0, i = 0; i < NTRIALS; i++) {
    swapped(SIZE);
    if (not_killed(SIZE))
      n++;
  }
  printf("囚人の数=%d 釈放される確率= %.6lf\n",
          SIZE, n * 1.0 / NTRIALS);
  return 0;
}
```

引用・参考文献

1）秋山　仁：老後は数学を学べ，あぶない数学（朝日ワンテーママガジン 44），朝日新聞社 (1995)
2）一松　信：整数とあそぼう―enjoy math―，日本評論社 (2006)
3）伊庭斉志：遺伝的アルゴリズムの基礎―GA の謎を解く―，オーム社 (1994)
4）伊庭斉志：進化論的計算手法（知の科学），オーム社 (2005)
5）伊庭斉志：システム工学の基礎―システムのモデル化と制御―（新・情報/通信システム工学），サイエンス社 (2007)
6）伊庭斉志：複雑系のシミュレーション―Swarm によるマルチエージェント・システム―，コロナ社 (2007)
7）伊庭斉志：C による探索プログラミング―基礎から遺伝的アルゴリズムまで―，オーム社 (2008)
8）伊庭斉志：金融工学のための遺伝的アルゴリズム，オーム社 (2011)
9）伊庭斉志：人工知能と人工生命の基礎，オーム社 (2013)
10）伊庭斉志：人工知能の方法―ゲームから WWW まで―，コロナ社 (2014)
11）伊庭斉志：進化計算と深層学習―創発する知能―，オーム社 (2015)
12）ロビン・ウィルソン（著），岩谷　宏（訳）：数の国のルイス・キャロル，SB クリエイティブ (2009)
13）スティーヴン・ウェッブ（著），松浦俊輔（訳）：広い宇宙に地球人しか見当たらない 50 の理由―フェルミのパラドックス―，青土社 (2004)
14）David Wells（著），伊知地宏（監訳），さかいなおみ（訳）：プライムナンバーズ―魅惑的で楽しい素数の事典―，オライリー・ジャパン (2008)
15）奥村晴彦：コンピュータアルゴリズム事典，技術評論社 (1987)
16）Martin Gardner（著），阿部剛久，井戸川知之，藤井康生（訳）：楽しみながら知性の鍛錬 ガードナー傑作選集―ゲーム，パズル，マジックで知る娯楽数学の世界―，森北出版 (2009)
17）マーチン・ガードナー（著），赤　攝也，赤　冬子（訳）：マーチン・ガードナーの数学ゲーム II（新装版），日経サイエンス (2011)
18）木村資生：分子進化の中立説，紀伊國屋書店 (1986)
19）木村資生：生物進化を考える（岩波新書），岩波書店 (1988)
20）久保幹雄：ロジスティクスの数理，共立出版 (2007)
21）スティーヴン・ジェイ・グールド（著），渡辺政隆（訳）：ワンダフル・ライフ―バージェス頁岩と生物進化の物語―，早川書房 (2000)
22）スティーヴン・ジェイ・グールド（著），渡辺政隆（訳）：フルハウス 生命の全

184   引 用 ・ 参 考 文 献

容—四割打者の絶滅と進化の逆説—，早川書房 (2003)

23) J.F. クロー（著），安田徳一（訳）：基礎集団遺伝学，培風館 (1989)

24) T. コルメン，R. リベスト，C. ライザーソン（著），浅野哲夫，梅尾博司，和田
幸一，岩野和生，山下雅史（訳）：アルゴリズムイントロダクション 第 3 巻 精
選トピックス，近代科学社 (1995)

25) 今野 浩：カーマーカー特許とソフトウェア—数学は特許になるか—（中公新
書）(1995)

26) 斎藤成也：遺伝子は 35 億年の夢を見る—バクテリアからヒトの進化まで—，大
和書房 (1997)

27) 坂井 公：パズルの国のアリス—美しくも難解な数学パズルの物語—，日本経済
新聞出版 (2014)

28) イアン・スチュアート（著），松原 望（監訳），藤野邦夫（訳）：イアン・スチュ
アートの数の世界（シリーズ数学のエッセンス 1），朝倉書店 (2009)

29) イアン・スチュアート（著），伊藤文英（訳）：パズルでめぐる奇妙な数学ワール
ド，早川書房 (2006)

30) イアン・スチュアート（著），伊藤文英（訳）：イアン・スチュアートの論理パズ
ルトレーニング，日経 BP 社 (2010)

31) イアン・スチュアート（著），水谷 淳（訳）：数学を変えた 14 の偉大な問題
—フェルマーの最終定理からリーマン予想まで—，SB クリエイティブ (2013)

32) イアン・スチュアート（著），川辺治之（訳）：数学探検コレクション—迷路の中
のウシ—，共立出版 (2015)

33) Alexander A. Stepanov, Daniel E. Rose（著），株式会社クイープ（訳）：その
数式，プログラムできますか？—数式は如何にしてプログラムに翻訳されるの
か—，翔泳社 (2015)

34) 竹中淑子：数学からの 7 つのトピックス，培風館 (2005)

35) 玉木久夫：乱択アルゴリズム（アルゴリズム・サイエンスシリーズ 4 数理技法
編），共立出版 (2008)

36) トビアス・ダンツィク（著），ジョセフ・メイザー（編），水谷 淳（訳）：数は
科学の言葉，日経 BP 社 (2007)

37) W・ダンハム（著），黒川信重，若山正人，百々谷哲也（訳）：オイラー入門（シュ
プリンガー数学リーディングス 1），丸善出版 (2004)

38) キース・デブリン（著），原 啓介（訳）：世界を変えた手紙—パスカル，フェル
マーと＜確率＞の誕生—，岩波書店 (2010)

39) 寺田寅彦：電車の混雑について，小宮豊隆（編），寺田寅彦随筆集（第二巻），岩
波文庫，岩波書店 (1984)

40) アポストロス・ドキアディス（著），酒井武志（訳）：ペトロス伯父と「ゴールド
バッハの予想」，早川書房 (2001)

引 用 ・ 参 考 文 献　　*185*

41) Nowak, M.A.（著），竹内康博，佐藤一憲，巌佐　庸，中岡慎治（監訳）：進化のダイナミクス—生命の謎を解き明かす方程式—，共立出版 (2008)

42) 西山　豊：クルスカルの原理，http://www.osaka-ue.ac.jp/zemi/nishiyama/math2010j/kruskal_j.pdf（2016 年 3 月現在）

43) ブラストランド，M.，ディルノット，A.（著），野津智子（訳）：統計数字にだまされるな—いまを生き抜くための数学—，化学同人 (2010)

44) ジュリアン・ハヴィル（著），佐藤かおり，佐藤宏樹（訳）：反直観の数学パズル—あなたの数学的思考力を試す 14 の難問—，白揚社 (2010)

45) エルウィン・バーレキャンプ，リチャード・ガイ，ジョン・コンウェイ（著），小谷善幸，高島直昭，滝沢　清，芦ヶ原伸之（訳）：「数学」じかけのパズル＆ゲーム—「1 人遊び」で夜も眠れず…—，HBJ 出版局 (1992)

46) スティーブン・ピンカー（著），幾島幸子，塩原通緒（訳）：暴力の人類史（上），青土社 (2015)

47) カイザー・ファング（著），矢羽野薫（訳）：ヤバい統計学，CC メディアハウス (2011)

48) ブライアン・ヘイズ（著），冨永　星（訳）：ベッドルームで群論を—数学的思考の愉しみ方—，みすず書房 (2010)

49) クリスティアン・ヘッセ（著），鈴木俊洋（訳）：数学者クリスティアン・ヘッセと行くマジカル Math ツアー，東京図書 (2014)

50) アレックス・ベロス（著），田沢恭子，対馬　妙，松井信彦（訳）：素晴らしき数学世界，早川書房 (2012)

51) アルフレッド・S・ポザマンティエ，イングマール・レーマン（著），坂井　公（訳）：偏愛的数学 I 驚異の数，岩波書店 (2011)

52) ポール・ホフマン（著），平石律子（訳）：放浪の天才数学者エルデシュ，草思社 (2000)

53) 細井　勉：ルイス・キャロル解読—不思議の国の数学ばなし—，日本評論社 (2004)

54) 細矢治夫：ピタゴラスの三角形とその数理（数学のかんどころ 6），共立出版 (2011)

55) 前田卓郎：中学受験ズバピタ算数：数の規則性・場合の数—，文英堂 (2004)

56) 松田秀雄：遺伝的アルゴリズムの分子系統樹作成への応用，北野弘明（編），遺伝的アルゴリズム 3，pp.159–185，産業図書 (1997)

57) ジョンソン゠レアード，P.N.（著），海保博之（監修），AIUEO（訳）：メンタルモデル—言語・推論・意識の認知科学—，産業図書 (1988)

58) ジェイソン・ローゼンハウス（著），松浦俊輔（訳）：モンティ・ホール問題—テレビ番組から生まれた史上最も議論を呼んだ確率問題の紹介と解説—，青土社 (2013)

59) パウロ・リーベンボイム（著），吾郷孝視（訳）：我が数，我が友よ—数論への招待—，共立出版 (2003)

186　引用・参考文献

60)　涌井良幸：道具としてのベイズ統計，日本実業出版社 (2009)

61)　和田秀男：コンピュータと素因子分解，遊星社 (1999)

62)　Alpizar, A., Mckenzie, C. and Schuetz, J.："A Mathematical Analysis of the Truel", Kennesaw University of Northwest Georgia (2000)

63)　Alvim, A.C.F., Ribeiro, C.C., Glover, F. and Aloise, D.J.："A hybrid improvement heuristic for the one-dimensional bin packing problem", Journal of Heuristics, **10**[†](2), pp.205–229 (2004)

64)　Ando, S. and Iba, H.："Ant algorithm for construction of evolutionary tree", in *Proc. of Conference on Evolutionary Computation (CEC2002)*, pp.1552–1557 (2002)

65)　Dudey, T. and Todd, P.M.："Making good decisions with minimal information: Simultaneous and sequential choice", *Journal of Bioeconomics*, **3**(2–3), pp.195–215 (2001)

66)　Durbin, R., Eddy, S.R., Krogh, A. and Mitchison, G.：Biological Sequence Analysis: Probabilistic Models of Proteins and Nucleic Acids, Cambridge University Press (1998)〔邦訳：阿久津，浅井，矢田（訳）：バイオインフォマティクス—確率モデルによる遺伝子配列解析—，医学出版 (2001)〕

67)　Graham, R.L.："Bounds for Certain Multiprocessing Anomalies", *Bell Systems Technical Journal*, **45**, pp.1563–1581 (1966)

68)　Gott III, J.R.："Implications of Copernican principle for our future rprospects", *Nature*, **363**, 27 May (1993)

69)　Graham, P.：A plan for spam (2002) http://www.paulgraham.com/spam. html（2016 年 3 月現在）

70)　Graham, P.：Better Bayesian Filtering (2003) http://www.paulgraham. com/better.html（2016 年 3 月現在）

71)　Haga, W. and Robins, S.："On Kruskal's Principle", Canadian Math Society Conference Proceedings 20 (1997) http://www.cecm.sfu.ca/organics/vault/robins/（2016 年 3 月現在）

72)　Johnson, D.S., Demers, A., Ullman, J.D., Garey, M.R. and Graham, R.L.："Worst-Case Performance Bounds for Simple One-Dimensional Packing Algorithms", *SIAM J. Comput.*, **3**(4), pp.299–325 (1974)

73)　Jones, J.P., Wada, H., Sato, D. and Wiens, D.："Diophantine representation of the set of prime numbers", *Amer. Math. Monthly*, **83**, pp.449–464 (1976)

74)　Karmarkar, N. and Karp, R.M.："The differencing method of set partitioning", Technical Report UCB/CSD 82/113, Computer Science Division,

---

†　論文誌の巻番号は太字，号番号は細字で表す。

引　用　・　参　考　文　献　　　187

University of California, Berkeley, CA (1982)

75) Kilgour, D.M. and Brams, S.J.："The Truel", *Mathematics Magazine*, **70**(5), pp.315–326 (1997)

76) Knuth, D.E.："The triel: A new solution", *Journal of Recreational Mathematics*, **6**(1), pp.1–7 (1973)

77) Knuth, D.E.："Are Toy Problems Useful?", *Popular Computing*, **5**(1–2) (1977)

78) Koh, I., Kim, J.-S. and Kim, S.-B.："Identification and phylogenetic analysis of schizophrenia associated retrovirus element in the human genbank database", *Genome Informatics*, **12**, pp.390–391 (2001)

79) Korf, R.E.："A complete anytime algorithm for number partitioning", *Artificial Intelligence*, **106**, pp.181–203 (1998)

80) Lagarias, J.C., Rains, E. and Vanderbei, R.J.："The Mathematics of Preference" (2001)
arXiv:math/0110143v1, http://arxiv.org/abs/math/0110143v1（2016年3月現在）, The Mathematics of Preference, Choice and Order. Essays in Honor of Peter J. Fishburn (Brams, S., Gehrlein, W.V. and Roberts, F.S., Eds.), Springer-Verlag, Berlin Heidelberg, pp.371–391 (2009)

81) Lenat, D. and Brown, J.："Why AM and EURISKO appear to work", *Artificial Intelligence*, **23** (1984)

82) Matthews, R.A.J.："Inference with legal evidence: common sense is necessary but not sufficient", *Medicine, Science and the Law*, **44**, pp.189–192 (2004)

83) Nei, M. and Saitou, N.："The neighbor-joining method: a new method for reconstructing phylogenetic tree", *Molecular Biology and Evolution*, **4**, pp.406–425 (1987)

84) Retief, J.D.："Phylogenetic analysis using phylip", *Methods Mol. Biol.*, **132**, pp.243–258 (2000)

85) Seale, D.A. and Rapoport, A.："Sequential decisionmaking with relative ranks: An experimental investigation of the secretary probleme", *Organizational Behavior and Human Decision Processes*, **69**(3), pp.221–236 (1997)

86) Stein, J.："Computational problems associated with Racah algebra", *Journal of Computational Physics*, **1**(3), pp.397–405 (1967)

87) Toral, R. and Amengual, P.："Distribution of winners in truel games", *AIP Conference Proceedings; 2005*, **770**(1), p.128 (2005)

88) Zhang, L. and Lim, A.："Webphylip: a web interface to phylip", *Bioinformatics*, **15**(12), pp.1068–1069 (1999)

練習問題のヒントと解答例

解答例 1.1　素数生成多項式

Mathematica で作成したプログラムは以下のとおりです。

【プログラム 解.1】　素数生成多項式

```
SolvePell[a_,n_]:=Module[{x=a,y=1,i,tmp},
    For[i=1,i<n,i++,tmp=x;x=a x+(a^2-1)y;y=a y+tmp];
    {x,y}
];

SolvePrime[prime_]:= Module[{a,b,c,d,e,f,g,h,i,j,k,l,m,n,o,p,q,
                             r,s,t,u,v,x,y,z,w,pell,index,tmp},
    k=prime-2;
    g=Divide[(k+1)!+1,k+2]-1;
    pell=FindInstance[xx^2-16(k+1)^3 (k+2)yy^2==1&&xx>0&&yy>0,
                      {xx,yy}, Integers];
    {n}=yy/.pell;
    n=n-1;
    {f}=xx/.pell;
    p=(n+1)^(k+1);
    q=(p+1)^n;
    z=p^(k+2);
    w=Floor[q/z];
    h=z-(k+1)!(Mod[q,z]);
    j=Mod[q,z]-h;
    e=p+q+z+2n;
    pell=FindInstance[xx^2-e^3 (e+2)yy^2==1&&xx>0&&yy>0,{xx,yy},
                      Integers];
    {a}=yy/.pell;
    a=a-1;
    {o}=xx/.pell;
    For[i=1;x=a;y=1,i<n,i++,tmp=x;x=a x+(a^2-1)y;y=a y+tmp];
    For[i=1;m=a;l=1,i<= k,i++,tmp=m;m=a m+(a^2-1)l;l=a l+tmp];
    i=Divide[l-k-1,a-1];
```

練習問題のヒントと解答例　　189

```
v=y-n-1;
b=Divide[m-p-1(a-n-1),2a(n+1)-(n+1)^2-1];
s=Divide[x-q-y(a-p-1),2a(p+1)-(p+1)^2-1];
t=Divide[p m-z-p 1(a-p),2a p-p^2-1];
StringForm["k=''',\ng=''',\nf=''',\nn=''',\np=''',\nq=''',
          \nz=''',\nw=''',\nh=''',\nj=''',\ne=''',
          \na=''',\no=''',\nx=''',\ny=''',\nm=''',
          \nl=''',\ni=''',\nv=''',\nb=''',\ns=''',\nt='''",
       k,g,f,n,p,q,z,w,h,j,e,a,o,x,y,m,l,i,v,b,s,t]
];
```

　このプログラムを実行すると最初の素数である 2 を出力することができます。しか
し計算量が多すぎて次の素数 3 を出力することはできませんでした。

【出力例 解.1】　素数生成多項式（最初の素数 2 の出力）

```
k=0,      g=0,       f=17,     n=2,
p=3,      q=16,      z=9,      w=1,
h=2,      j=5,       e=32,
a=7901690358098896161685556879749949186326380713409290912,
o=8340353015645794683299462704812268882126086134656108363777,
x=12487342103054612371695545619991522736349804262536940478766304
  606886182403053777134933750590506695912529158348 7,
y=1580338071619779232337111375949989837265276142681858182 4,
m=7901690358098896161685556879749949186326380713409290912,
l=1,      i=0,
v=1580338071619779232337111375949989837265276142681858182 1,
b=0,      s=1,       t=0
```

解答例 1.2　Benoit Cloitre の漸化式

　$(a(n)/a(n-1))-1$ の値を表示すると次のようになります。なお，最小公倍数の計算
では整数値が非常に大きくなるので long long int などの型を使う必要があります。

【出力例 解.2】　Benoit Cloitre の漸化式

```
iba@fs(~/prime)[509]: ./lcm
2   1   2   5   1   7   1   1   5  11   1  13   1   5
1  17   1  19   1   1  11  23   1   5  13   1   1  29
```

190   練習問題のヒントと解答例

これを見ると 1 以外には素数の値が生成されています。実際に，続けて計算すると，3 と 7 を除くすべての素数が出現するように見えますが，この推測は証明されていません。

解答例 1.3 $4k - 1$ 型素数

以下の証明は文献[37]によるものです。

まず $4k + 1$ 型素数の積は $4k + 1$ 型の自然数になることに注意します（素数とは限らない）。そして，$4k - 1$ 型素数が有限である（n 個，$p_1, \cdots, p_n$）と仮定して，数 $M = 4 \times p_1 \times p_2 \times \cdots \times p_n - 1$ を考えます。もしもこの数が素数なら有限個であることに矛盾します。

一方，この数が合成数としましょう。そのときその約数に含まれる素数（素因数）の少なくとも一つは $4k - 1$ 型となります。なぜなら，$4k + 1$ 型素数の積は $4k + 1$ 型の自然数となるからです。$4k - 1$ 型の素因数を p_i とします。つまり p_i は i 番目の $4k - 1$ 型素数です。すると p_i は，M と $p_1 \times p_2 \times \cdots \times p_n$ のいずれをも割り切ることになります。しかし $p_i > 3$ のためこれは矛盾します。以上から $4k - 1$ 型素数は無限個存在することが示されます。

解答例 1.4   99 ループ

ランダムな自然数で実行してみると次のようになりました。

【出力例 解.3】   99 ループ

```
iba@fs(~/loop)[607]: ./99loop
71749->22968->63954->18018->63063->27027->45045->9009->0
84331->70983->32076->34947->39996->29997->49995->9999->0
11516->49995->9999->0
99669->2970->2178->6534->2178
79885->20988->67914->25938->58014->16929->76032->52965->3960
    ->3267->4356->2178->6534->2178
29770->21978->65934->21978
42962->16038->67023->34947->39996->29997->49995->9999->0
44->198->693->297->495->99->891->693
965->396->297->495->99->891->693->297
62386->5940->5445->0
37686->30987->47916->14058->70983->32076->34947->39996
    ->29997->49995->9999->0
81502->60984->12078->74943->39996->29997->49995->9999->0
```

練習問題のヒントと解答例　　　*191*

```
25305->25047->49005->1089->8712->6534->2178->6534
63586->4950->4356->2178->6534->2178
98137->24948->59994->9999->0
34806->26037->47025->5049->4356->2178->6534->2178
54659->40986->27918->54054->9009->0
```

　この結果を見ると，必ず有限の回数で不動点か循環するループに到達するようです。ただし，桁数によって繰返しの状況が異なります。例えば，3 桁の自然数では495->99->891->693->297 のループに至ります（100 の位と 1 の位が等しくて 0 に至る場合を除く）。また，5 桁の場合には 9 999 に終わることが多いようです。

解答例 1.5　ルイス・キャロルの最後の問題

　ルイス・キャロルの問題には無限に多くの解があることが知られています。プログラムで実行すると以下のように求められます。またもう一つの問題の答えは，3 辺が5, 12, 13 となるものです。

【出力例 解.4】　ルイス・キャロルの最後の問題

```
iba@fs(~/triangle)[572]: ./triangle90
[1] 面積 = 3360 の三つの直角三角形
30 224 226    と    48 140 148    と    80 84 116
[2] 面積 = 840 の三つの直角三角形
24 70 74     と    40 42 58     と    15 112 113
[3] 面積 = 10920 の三つの直角三角形
56 390 394    と    120 182 218   と    105 208 233
[4] 面積 = 3360 の三つの直角三角形
30 224 226    と    48 140 148    と    80 84 116
[5] 面積 = 1367520 の三つの直角三角形
222 12320 12322    と    462 5920 5938    と    560 4884 4916
[6] 面積 = 3360 の三つの直角三角形
30 224 226    と    48 140 148    と    80 84 116
```

解答例 1.6　回文的な三角数

　省略（【プログラム 解.2】は，筆者のホームページ：http://www.iba.t.u-tokyo.ac.jp/の書籍サポートから辿れるページ参照，URL は 2016 年 3 月現在）。

192　　練習問題のヒントと解答例

解答例 1.7　デュードニーの問題

1. プログラムを実行すると先に述べた二つの解のほかに以下のものが見つかります。したがって，$532 \times 14 = 76 \times 98 = 7\,448$ が最大値のようです。

【出力例 解.5】　デュードニーの問題 (1)

```
iba@fs(~/math)[510]: gcc -o dewdeny1 dewdeny1.c -lm
iba@fs(~/math)[511]: ./dewdeny1
134 * 29 = 58 * 67 = 3886
138 * 27 = 54 * 69 = 3726
146 * 29 = 58 * 73 = 4234
158 * 23 = 46 * 79 = 3634
158 * 32 = 64 * 79 = 5056
174 * 23 = 58 * 69 = 4002
174 * 32 = 58 * 96 = 5568
186 * 27 = 54 * 93 = 5022
259 * 18 = 63 * 74 = 4662
532 * 14 = 76 * 98 = 7448
584 * 12 = 73 * 96 = 7008
The Max is ...
532 * 14 = 76 * 98 = 7448
```

2. デュードニーは

$$123 - 45 - 67 + 89 = 100$$

が記号の数としても画数としても最小であると述べています。括弧を使わない場合に，$+$，$-$ のみで 100 を与える式は 12 通り，$+$，$-$，$\times$，$\div$ を用いて 100 を与える式は 141 種類あるとされています[30]。

小町算を求めるプログラムは文献[7] にあります。式の探索では，演算の数をある程度限定するなどして，効率的なプログラムにする必要があります。そこでは，以下の条件で小町算を解く問題が出題されています。

(a) 計算記号として，$+$，$-$，$\times$，$\div$，$(,)$ を何個か入れて答えが 100 となる数式。

(b) 計算記号として，$+$，$-$，$\times$，$\div$，$(,)$，単項演算子のマイナス，$\sqrt{\ }$，および超越関数（sin, cos, log, exp）などを何個か入れて答えが 100 となる数式。できる限り超越関数や $\sqrt{\ }$ などを用いた複雑で面白い式。

3. プログラムを実行すると以下の六つの解が求められます。

【出力例 解.6】 デュードニーの問題 (2)

```
iba@fs(~/math)[510]: gcc -o dewdeny2 dewdeny2.c -lm
iba@fs(~/math)[511]: ./dewdeny2
    1 =   1^3
  512 =   8^3
 4913 =  17^3
 5832 =  18^3
17576 =  26^3
19683 =  27^3
```

4. プログラムを実行すると，自明な 0 のほかに 9 桁の整数が次に見つかります。極端に難しい理由は整数解が極端に大きくなるからです。

【出力例 解.7】 デュードニーの問題 (3)

```
iba@fs(~/math)[510]: gcc -o dewdeny3 dewdeny3.c -lm
iba@fs(~/math)[511]: ./dewdeny3
0
226153980
```

解答例 2.1　パスカルの問題

この問題は，数学的に答えを出そうとするちょっと苦労します。厳密にはマルコフ過程などを利用することになりそうです。一方，シミュレーションプログラムは以下のような簡単な変更のみで実現できます。

【プログラム 解.3】 パスカルの問題のシミュレーション関数（変更版）

```
// 差がM回になると勝ち
#define M 4
#define ABS(a) ((a) < 0 ? - (a) : (a))

void sim(int win1,int win2){//勝数：Aをwin1, Bをwin2とする
  int p1_win ,p2_win;
  int sum_p1_win= 0 ,sum_p2_win = 0;
  int i;
  srand((unsigned)time(NULL));
  printf("%d 回投げたとき当たりが A(%d) 対 B(%d) のとき\n",
```

194　　練習問題のヒントと解答例

```
            win1 + win2,win1,win2);
  for(i = 0;i < SimTime;i++){
    p1_win = win1;
    p2_win = win2;
    while(ABS(p1_win - p2_win) < M){
      if(rand()%2 == 0)      p1_win++; //表のとき A の当たり
      else p2_win++; //裏のとき B の当たり
      if(ABS(p1_win - p2_win) == M) //勝数の差が条件に達した
      if (p1_win>p2_win) sum_p1_win++; //A が勝った
      else sum_p2_win++; //B が勝った
      }
  }
  printf("A の勝率は%f, B の勝率は%f となる\n",
  (double)sum_p1_win/SimTime,(double)sum_p2_win/SimTime);
}
```

ここのプログラムを実行するとシミュレーション結果が次のように得られます。

【出力例 解.8】　パスカルの問題

```
iba@fs(~/Pascal)[579]: gcc -o pascal2 pascal2.c -lm
iba@fs(~/Pascal)[580]: pascal2
1 回投げたとき当たりが A(0) 対 B(1) のとき
     A の勝率は 0.375129, B の勝率は 0.624871 となる
3 回投げたとき当たりが A(2) 対 B(1) のとき
     A の勝率は 0.625066, B の勝率は 0.374934 となる
2 回投げたとき当たりが A(2) 対 B(0) のとき
     A の勝率は 0.750043, B の勝率は 0.249957 となる
```

解答例 2.2　ランダムな三角形

　原点 O を中心とする単位円周上にランダムに，3 点 A, B, C をランダムに取ることを考える（**解図 1**）。

　このとき点 A を固定し，AO を通る直径で分けられる一方の半円周上に点 B があり，点 C は円周上の任意の位置にあると考えても一般性を失わない。ここで，$\angle AOB = x$，$\angle AOC = y$ とする。このとき，x, y は $0 < x < \pi$，$0 < y < 2\pi$ の範囲をランダムに取る。一方，AO を通る直径が円周と交わる点を A$'$，BO を通る直径が円周と交わる点を B$'$ とすると，三角形 ABC が鋭角三角形になるのは，弧 A$'$B$'$ 上に点 C があるときである。したがって，そのときの x, y の範囲は，$0 < x < \pi$，$\pi - x < y < \pi$ で

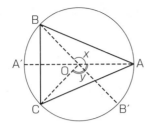

解図 1 ランダムな三角形

ある．以上から，鋭角三角形となる確率は

$$\frac{0 < x < \pi,\ \pi - x < y < \pi \text{の面積}}{0 < x < \pi,\ 0 < y < 2\pi \text{の面積}} = \frac{\pi^2/2}{2\pi^2} = \frac{1}{4}$$

となる．

解答例 2.3 コペルニクスの原理

以下は，この課題に対して提出された学生からの解答を一部修正したものです．

1. 記録媒体の寿命：解答者がその媒体を初めて認識したときを観測時点とみなして，寿命を予測した．**解表 1** には，3.5 インチフロッピーディスク (FD) とレーザーディスク (LD) について，発売年，生産終了年，および 50％の確信度での予測値を示す．いずれも予測がほぼ当てはまっている．観測年は解答者の個人的な体験（レーザーディスクはアニメを幼稚園の年長で初めて見たとき，フロッピーディスクは父親が使っているのを見たとき）に基づいている．

解表 1 コペルニクスの原理による予測と実際値

メディア	観測年	発売年	生産終了年	50% 確信度の予測値
3.5 インチ FD	1997	1980	2010	$2002.7 < 1997 + t_{future} < 2048$
LD	1999	1978	2007	$2006 < 1997 + t_{future} < 2062$

2. 恋愛経験：恋人と別れて 65 日経っていた．したがって，95％の確信度で孤独な期間は $65/39$ 日 $< t_{future} < 39 \times 65 = 2535$ 日 $=$ 約 7 年 となる．このとき作成者は 28 歳だそうなので，希望が湧いてきたそうだ．なお付き合っている期間を実測値と比較することも行っている．この場合の観測開始時点は，「付き合っているな」と実感したときとする．

解答例 2.4 検査パラドクス

一様分布以外にも，正規分布およびポアソン到着分布（指数分布）を用いて実験し平

均待ち時間を計測しました．分散値の違いによる平均待ち時間を**解図2**に示します．バスは平均30分ごとに到着するとしています．分散が小さいうちは，正規分布と一様分布ではほとんど同じ値となっています．分散が大きくなると正規分布での平均待ち時間が小さくなっています．これは正規分布では平均に近い時間での到着がより多くなるからでしょう．指数分布では平均と標準偏差が同じ値です．そこで指数分布では実測値をそのまま散布図状に示しました．指数分布を仮定した実験では，一様分布のときよりもかなり大きな平均待ち時間となっています．

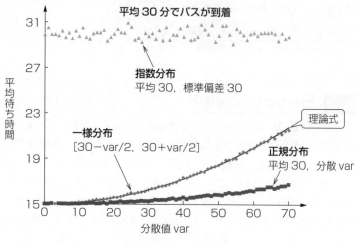

解図2 検査パラドクス

解答例 3.1　マシューズの公式

ベイズの定理から

$$P(G \mid E) = \frac{P(E \mid G)P(E)}{P(G)} \quad (解 3.1)$$

が得られ，さらに

$$P(E) = P(E \mid G)P(G) + P(E \mid \overline{G})P(\overline{G}) \quad (解 3.2)$$

です．これに代入すると公式が得られます．

解答例 3.2　3囚人の問題

省略．

練習問題のヒントと解答例　　*197*

解答例 3.3　　モンティ・ホール問題

第一の場合については，プログラムの monty 内の扉を変更する場合を以下のように書き換えれば，任意の数の扉をシミュレートすることができます。

【プログラム 解.4】 モンティ・ホール問題（変更版）

```
int monty(int change)
{
    int i = 0, doors[NUM_DOORS] = {0};
     //各扉，1なら当たり，-1なら見せた
    doors[rand()%NUM_DOORS] =1;
    int mychoice = rand()%NUM_DOORS;//選ぶ
    //ここで見せる
    for(i = 0; i < NUM_DOORS; i++)
        if(doors[i] == 0 && i != mychoice)
        {
            doors[i] = -1;
            break;
        }
    if(change) //扉を変更するとき
        for(;;)
        {
            i = rand()%NUM_DOORS; // 変更する場所をランダムに取る
            if(doors[i] != -1 && i  != mychoice)
            {
                mychoice = i;
                break;
            }
        }
    return (doors[mychoice] == 1);  //当たりか否か
}
```

プログラムを実行した結果は，**解表 2** のようになりました。これを見ると，扉が多くなるにつれ，変更する意味はなくなっていくのが分かります。これは直観的に明らかでしょう。

より興味深いのは第二の場合です。このとき，同じように実験してみると**解表 3** のようになります。変更して当たるのは，あらかじめ選んだ扉がはずれであったときに注意してください。したがって

198   練習問題のヒントと解答例

解表2 モンティ・ホール問題（その1）

扉の数	変更なしの 勝　率	変更ありの 勝　率
3	0.33340	0.66765
4	0.24796	0.37767
5	0.20024	0.26776
6	0.16538	0.21019
7	0.14361	0.17068
8	0.12575	0.14604
9	0.11069	0.12751
10	0.09981	0.11294
20	0.04910	0.05271
30	0.03365	0.03440
40	0.02438	0.02591
50	0.01984	0.02000
60	0.01716	0.01663
70	0.01434	0.01425
80	0.01319	0.01240
90	0.01100	0.01177
100	0.01002	0.00988

解表3 モンティ・ホール問題（その2）

扉の数	変更なしの 勝　率	変更ありの 勝　率
3	0.33507	0.66798
4	0.25051	0.75231
5	0.19866	0.79979
6	0.16694	0.83481
7	0.14126	0.85501
8	0.12451	0.87578
9	0.11274	0.88957
10	0.09902	0.90019
20	0.05203	0.94988
30	0.03298	0.96569
40	0.02499	0.97510
50	0.01965	0.97944
60	0.01732	0.98304
70	0.01441	0.98522
80	0.01288	0.98695
90	0.01123	0.98918
100	0.01031	0.98982

$$変更なしの勝率 + 変更ありの勝率 = 1.0 \tag{解 3.3}$$

となります。このことに注意すれば，扉が3枚のときの変更ありの勝率は

$$変更ありの勝率 = 1.0 - 変更なしの勝率 = 1.0 - \frac{1}{3} = \frac{2}{3} \tag{解 3.4}$$

であることが分かります。

解答例3.4　Kruskal カウントの理論

式 (3.10)～(3.15) を用いると，$M_{i,j}$ の各要素は次のように求めることができます。

$$M_{i,j} = \frac{1}{m}\left(1 + \frac{1}{m}\right)^{m-i} \quad (i > j \text{ のとき}) \tag{解 3.5}$$

$$M_{i,i} = \frac{1}{m}\left\{\left(1 + \frac{1}{m}\right)^{m-i} - 1\right\} \tag{解 3.6}$$

$$M_{i,j} = \frac{1}{m}\left(1 + \frac{1}{m}\right)^{j-i}\left\{\left(1 + \frac{1}{m}\right)^{m-j} - 1\right\} \quad (i < j \text{ のとき}) \tag{解 3.7}$$

このとき，k 回の操作で最終カードが一致する確率は，IM^{k-1} の第一成分となります。ただし I は初期ベクトル（開始前に $d_k = i \ (0 \leqq i < m-1)$ である確率のベクトル表記）です。

例えば，条件 1（JQK $= 11$, 12, 13）のときは，$m = 13$ であり，次のように M と I が求められます。

$$
M = \begin{pmatrix}
1 & 0 & 0 & \cdots \\
\dfrac{1}{13}\dfrac{17}{13}\left(\dfrac{14}{13}\right)^8 & \dfrac{1}{13}\left(\dfrac{17}{13}\left(\dfrac{14}{13}\right)^8 - 1\right) & \dfrac{1}{13}\left(\dfrac{14}{13}\right)\left(\dfrac{17}{13}\left(\dfrac{14}{13}\right)^7 - 1\right) & \cdots \\
\dfrac{1}{13}\dfrac{17}{13}\left(\dfrac{14}{13}\right)^7 & \dfrac{1}{13}\dfrac{17}{13}\left(\dfrac{14}{13}\right)^7 & \dfrac{1}{13}\left(\dfrac{17}{13}\left(\dfrac{14}{13}\right)^7 - 1\right) & \cdots \\
\dfrac{1}{13}\dfrac{17}{13}\left(\dfrac{14}{13}\right)^6 & \dfrac{1}{13}\dfrac{17}{13}\left(\dfrac{14}{13}\right)^6 & \dfrac{1}{13}\dfrac{17}{13}\left(\dfrac{14}{13}\right)^6 & \cdots \\
\vdots & \vdots & \vdots & \ddots \\
\dfrac{1}{13}\dfrac{17}{13} & \dfrac{1}{13}\dfrac{17}{13} & \dfrac{1}{13}\dfrac{17}{13} & \cdots
\end{pmatrix}
$$

$$
\begin{pmatrix}
& 0 & 0 \\
& \dfrac{1}{13}\left(\dfrac{14}{13}\right)^7\left(\dfrac{17}{13}\left(\dfrac{14}{13}\right) - 1\right) & \left(\dfrac{4}{13}\right)^2\left(\dfrac{14}{13}\right)^8 \\
& \dfrac{1}{13}\left(\dfrac{14}{13}\right)^6\left(\dfrac{17}{13}\left(\dfrac{14}{13}\right) - 1\right) & \left(\dfrac{4}{13}\right)^2\left(\dfrac{14}{13}\right)^7 \\
& \dfrac{1}{13}\left(\dfrac{14}{13}\right)^5\left(\dfrac{17}{13}\left(\dfrac{14}{13}\right) - 1\right) & \left(\dfrac{4}{13}\right)^2\left(\dfrac{14}{13}\right)^6 \\
& \vdots & \vdots \\
& \dfrac{1}{13}\dfrac{17}{13} & \left(\dfrac{4}{13}\right)^2
\end{pmatrix}
$$

$$
I = \left(\dfrac{1}{10}\left(\left(\dfrac{11}{10}\right)^{10} - 1\right), \quad \dfrac{1}{10}\left(\left(\dfrac{11}{10}\right)^{10} - \left(\dfrac{11}{10}\right)\right),\right.
$$
$$
\left.\dfrac{1}{10}\left(\left(\dfrac{11}{10}\right)^{10} - \left(\dfrac{11}{10}\right)^2\right), \quad \cdots, \quad \dfrac{1}{10}\left(\left(\dfrac{11}{10}\right)^{10} - \left(\dfrac{11}{10}\right)^9\right)\right)
$$

またカードを引く期待値は 7 回程度なので，IM^6 の第一成分を求めると理論値は 0.659 985 079 7 となりました。一方，条件 2, 3 では，「すべてのカードは 1 から m の値を等しい確率で取る」という制約が若干破られているため理論値は実測値と一致しません。したがって，より正確な評価には推移確率行列を修正する必要があります。

解答例 4.1 囚人が助かる確率

n を $2m$ として

$$\lim_{m \to \infty} \sum_{k=1}^{m} \frac{1}{m+k} = \log 2$$

を示します。これは次のように区分求積法で証明できます。

$$\lim_{m \to \infty} \sum_{k=1}^{m} \frac{1}{m+k} = \lim_{m \to \infty} \frac{1}{m} \sum_{k=1}^{m} \frac{1}{1+(k/m)} = \int_{0}^{1} \frac{1}{1+x} dx = \log 2$$

解答例 4.2 truel のシミュレーション

解図3 は truel のシミュレーションプログラムの実行画面です。このシステムは DX ライブリを用いて製作した Windows 用のアプケーションです。このシステムでは

- 各プレイヤーの命中率
- 各プレイヤーの戦略
- 各プレイヤーの弾丸数
- 発砲順
- 決闘形式
- 試行回数

の値を自由に変更することができます。「不発（弾は減らない）」や「空撃ち」なども設定できるようにしました。また，シミュレーション結果の表示は生き残りパターンとプレイヤー別で表示しています。

解図3 truel のシミュレーションプログラムの実行画面

解答例 4.3　truel（有限の弾丸）

C の生き残る確率は 0.0, B の生き残る確率は $q_c = 0.7$, A の生き残る確率は $p_c + q_c \times q_b = 0.3 + 0.7 \times 0.3 = 0.51$ です。A と B が同時に生き残る確率を余分に数えていることに注意してください。シミュレーションで 50 000 回の実験をしてみました。この結果の生き残り回数は A が 25 504 回, B が 34 997 回, C が 0 回でした。50 000 で割った確率は理論値と一致しています。

解答例 4.4　simultaneous truel

一番上手な敵を撃つ戦略におけるシミュレーション結果（10 000 回の実行）を**解表 4** に示します（状態遷移図は**解図 4**）。出力の WinA, WinB, WinC は 10 000 回のラウンド

解表 4　simultaneous truel の結果 (1)

Acc A	Acc B	Acc C	Str A	Str B	Str C	Win A	Win B	Win C	None
91	90	89	B	B	B	9	101	9 079	811
81	80	79	B	B	B	60	351	8 135	1 454
71	70	69	B	B	B	185	631	7 386	1 798
61	60	59	B	B	B	319	987	6 784	1 910
51	50	49	B	B	B	553	1 444	6 173	1 830
41	40	39	B	B	B	777	1 818	5 738	1 667
31	30	29	B	B	B	1 012	2 262	5 436	1 290
21	20	19	B	B	B	1 379	2 660	5 006	955
11	10	9	B	B	B	1 768	3 084	4 717	431

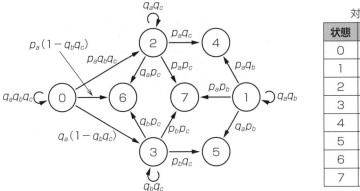

解図 4　truel のマルコフ過程（一番上手い敵を撃つ戦略）

で生き残った回数です．各プレイヤーの命中率は AccA, AccB, AccC，各プレイヤーの戦略は StrA, StrB, StrC で示しています．None は「そしてだれもいなくなった」回数です．この表から最も下手な C はつねに有利であり，射撃力が大きくなるにつれその勝率が大きくなっています．射撃力の違いがわずかなとき（A: 91% > B: 90% > C: 89%）でもこの結果は顕著です．つまり，一番射撃が下手なプレーヤーは生き残りやすいことが分かります．

また，最も下手な敵を撃つ場合の結果を**解表 5** に示します．表の W は最も下手な敵を撃つ戦略，B は最も上手な敵を撃つ戦略です．例えば A, B, C の戦略がそれぞれ B, W, B の場合を考えると，状態遷移は**解図 5** のようになります．これから吸収確率を計算すると

解表 5　simultaneous truel の結果 (2)

Acc A	Acc B	Acc C	Str A	Str B	Str C	Win A	Win B	Win C	None
91	90	89	B	B	B	9	101	9 079	811
91	90	89	W	B	B	5	9 098	91	806
91	90	89	B	W	B	919	760	817	7 504
91	90	89	W	W	B	87	9 007	6	900
91	90	89	B	B	W	101	7	9 040	852
91	90	89	W	B	W	878	898	762	7 162
91	90	89	B	W	W	9 002	8	58	932
91	90	89	W	W	W	8 887	80	8	1 016

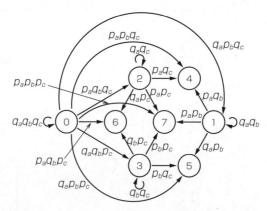

解図 5　truel のマルコフ過程（一番下手な敵を撃つ戦略）

A が生き残る確率 = 0.092 011

B が生き残る確率 = 0.073 69

C が生き残る確率 = 0.082 60

だれも生き残らない確率 = 0.751 69

となります。解表 5 を見ると，シミュレーション結果と理論値がほとんど一致していることが分かります。つまりきわめて高い確率でだれもいなくなってしまいます。

解答例 4.5　13 日の金曜日 (1)

練習問題の脚注で示したようにこの問題は中学受験の参考書から採用しています[55]。そこではグルグルカレンダーを作成する方法が紹介されています。グルグルカレンダーは，日数の差を 7 で割った余りをもとにして，曜日が同じになる月日を求めるものです。解図 6 はうるう年のグルグルカレンダーです。この図から，1 月 13 日，4 月 13 日，7 月 13 日を金曜日にすると最も多い年 3 回となります。そのとき 1 月 13 日から五つ戻るので，1 月 1 日は日曜日です。

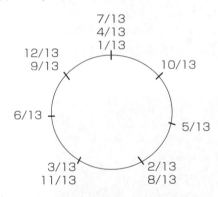

解図 6　グルグルカレンダー

解答例 4.6　13 日の金曜日 (2)

本文で述べたように，統計的には金曜日の多さが示されていますが，人の一生や数世代の間に目撃する回数を考えると有意な差とは思われません。

Google 検索を用いて，さまざまな言語（日本語，英語，アラビア語）で「13 日の日曜日」から「13 日の土曜日」に相当する語で検索してヒット数を比べてみました。すると，どの言語でも「13 日の金曜日」がほかの曜日に比べて数倍多くなり，英語では 2 桁程度の差となりました。

こうしたことから，不吉な言い伝えやある種の思い込みが人間の記憶に作用して，

204   練習問題のヒントと解答例

13 日の金曜日が実際よりも多く感じられるのかもしれません。

解答例 4.7   三段論法の推論システム

LISP によるプログラムがジョンソン・レイアード（Johnson Laird）らにより提供
されています†。このプログラムを GNU common lisp 2.6.7 で読み込み

(start)

を入力すれば，64 通りのすべての前提の組合せの三段論法推論を実行します。また

(a) ある B は A である ＋ どの B も C でない

(b) ある A は B でない ＋ すべての C は B である

解図 7　三段論法推論の実行画面

---

†　http://mentalmodels.princeton.edu/programs/Syllog-Public.lisp（2016 年 3 月現
在）

```
(infer '((no artists are beekeepers)
         (some beekeepers are chemists)))
```

と入力すると，この特定の推論を実行します．例えば**解図 7**(a) は

前提 1	ある B は A である
前提 2	どの B も C でない
結 論	ある A は C でない

の実行例です．また，解図 7(b) は

前提 1	ある A は B でない
前提 2	すべての C は B である
結 論	ある A は C でない

の実行例を示しています．

解答例 5.1　系統樹を作ってみよう

http://workbench.sdsc.edu/ (2016 年 3 月現在) において，ユーザ登録を済ませて，"Protein Tools" という項目にアクセスしてみましょう (**解図 8**)．"Default Session" というのがデータ操作のための命令群です．"Add New Protein Sequence" という項目を選択し，"Run" ボタンを押すとアミノ酸配列を登録する画面になります．"Sequence" に入手した配列†を入力し，"Label" に動物名 (配列をほかと識別するための名前) を

解図 8　生物配列情報解析ツール

---

† 例えば，http://www.genome.ad.jp/dbget/ (2016 年 3 月現在) などのサイトから，さまざまな DNA やアミノ酸配列のデータベースにアクセスできる．

入力したあと（**解図9**），"Save" ボタンをクリックすると登録が完了します。登録が上手くいけば，解図8の画面に登録名とチェックボックスが表示されます。同様にして解析対象の配列をすべて入力します。

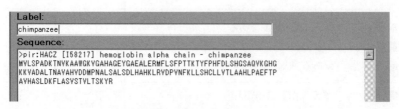

解図9 配列情報登録画面

次に，系統樹作成に使用したい配列データをチェックし，"CLUSTALW - Multiple Sequence Alignment" コマンドを実行します。するとマルチプルアラインメントや系統樹作成のためのパラメータ設定画面になります。ここでは特に変更せず "Submit" します。すると図5.12のような系統樹が得られます。

なおこの系統樹作成は近隣結合法と呼ばれる手法に基づいています。PHYLIP[84],[88] といったソフトウェアパッケージを用いて最尤法などで解析したいなら，マルチプルアラインメントの結果をダウンロードする機能を利用するとよいでしょう。

解答例5.2　最大尤度のトポロジーの探索

n 種の配列の系統樹の作成の際に，逐次追加法では，まず n 個の入力配列から任意の3個の配列を選び系統樹を作成します（図5.15(a)）。残りの $n-3$ 個について1個ずつランダムに配列を選び系統樹に付加していきます。各段階で尤度最大の候補系統樹を一つ残して，残りの候補系統樹を捨て去ります。例えば4番目の配列の追加のときは3通りのトポロジーが考えられます（図5.15(b)）。その中で最大尤度の系統樹を選びます。この方法の欠点は配列を選択する順番にトポロジーが依存する点です。

星状系統樹分割法では，系統樹を構成するのに n 個の配列が一つの内接点のみで結合された星状系統樹を構成します（図5.16(a)）。それらの配列の任意の2個を新しい内接点でまとめた候補系統樹の中から尤度最大のものを一つ選びます。このとき選ばれた配列の組を一つの内接点で置き換え，この内接点を加えた $n-1$ 個の配列の間でさらに2個ずつの組合せを行い，尤度最大のものを求めます（図5.16(b)）。この処理を繰り返すことにより最終的に二分木が得られます。この方法は逐次追加法のように配列の順番に依存することはありませんが，局所解に陥る可能性もあります。

練習問題のヒントと解答例　　*207*

解答例 5.3　メタヒューリスティクスによる系統樹探索

松田らは遺伝的アルゴリズムを利用して効率的に系統樹のトポロジーを探索する手法を考案しています[56]。この手法では，系統樹のトポロジーを効果的に探索するために，距離差最大交叉および類似部分木交叉という 2 種類の交叉オペレータを構築しています。

また，安藤らはアリの採集行動からヒントを得た探索手法である ACO に基づく探索手法を提案しました[64]。そこでは，ACO による巡回セールスマン問題の解法をもとにして進化系統樹のトポロジーを構築しています。この ACO によるヒューリスティクスと，従来の系統樹作成ツール（PHYLIP の FITCH と Neighbor アルゴリズム[84],[88]）をシミュレーションデータで比較すると，同等以上の性能が得られることが分かっています。

解答例 6.1　秘書問題 (1)

$r = 3$ のときの第 1 順位の秘書の成功確率 $P(3)$ を求めます。このとき最初に面接した二人の候補者は採用しません。そのあとに面接した候補者（残りの 8 人）で採用しなかった最初の二人よりもよい人がいれば採用します。

最初に面接した二人のうちよいほうの順位（k とします）で場合分けして考えましょう。$k = i$ のとき（$i = 2, \cdots, 9$；$i = 1$ と 10 は考える必要がない），残りの 8 人のうち，採用されるのは，第 1 順位〜第 $i - 1$ 順位の候補者のみです。第 1 順位が先に来れば成功し，第 2 順位〜第 $i - 1$ 順位が先に来れば失敗します。この $i - 1$ 通りが生じるのは同じ場合数なので，確率 $1/(i - 1)$ で成功します。この部分は $r = 2$ とまったく同じことに注意してください。

さて $k = i$ となるのは何通りあるかを求めます。これには最初の二人（採用しない候補者）は，一人は必ず第 i 順位の人であり，もう一人は第 $i + 1$ 順位以降の人（これには $10 - i$ 通りがあります）です。この二人が前に来るか，後ろに来るかで 2 通りがあり，また残りの 8 人の面接者はどの順番でも来るので 8! 通りあります。よって，合計で $(10 - i) \times 2 \times 8!$ 通りとなります。

したがってこれらの和を全体の組合せ数 10! で割ることにより，第 1 順位の候補者の成功確率 $P(3)$ は以下のようになります。

$$P(3) = \sum_{k=2}^{9} \left(\frac{(10 - k) \times 2 \times 8!}{10!} \times \frac{1}{k - 1} \right)$$
$$= \frac{2}{10} \sum_{k=2}^{9} \left(\frac{10 - k}{9} \times \frac{1}{k - 1} \right) = \frac{2}{10} \sum_{k=2}^{9} \left(\frac{1}{k - 1} - \frac{1}{9} \right)$$

$$= \frac{2}{10} \times \left\{ \frac{1}{2} + \frac{1}{3} + \cdots + \frac{1}{9} \right\}$$

解答例 6.2　秘書問題 (2)

解図 10 は秘書問題のシミュレーションプログラムの実行画面です。

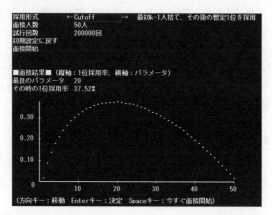

解図 10　秘書問題のシミュレーションプログラムの実行画面

このシステムは DX ライブラリを用いて製作した Windows 用のアプケーションであり

- 面接人数
- 採用するための戦略
- 試行回数

の値を自由に変更することができます。結果はグラフでプロットされるようになっています。実験結果のスクリーンショットや CSV ファイルの保存も可能となっています。なお，練習問題 6.3 にある 3 番目の戦略を Probability として選ぶことができます。これは，第 1 位となる候補者が現れたときに，その候補者が本当の 1 位である確率を

$$1 - \frac{\text{面接人数} - \text{面接済みの人数}}{\text{面接人数}}$$

で推定しています。

解答例 6.3　秘書問題 (3)

最初の方法は，non-candidate count ルールと呼べるものです。成功確率と k/n のグラフは cut-off ルールの形状と酷似しています。$n = 1 \sim 100$ 人での候補者のシミュ

レーションを行うと $k \fallingdotseq 0.31n$ で最適な成功確率を与え、そのときの成功確率は 0.37 であり、cut-off ルールに匹敵する成績でした。

　第 2 の方法について，$n = 50, 100, 500$ 人の場合でシミュレーション実験したときの成功確率を**解図 11** にプロットしています。横軸はパラメータ k を候補者数 n で正規化した値です。図から候補者数が増加するに従いより大きい k 値で最適値を取るようです。$n = 500$ 人のときに最適成功確率は 0.380 になっています。このとき $k/n = 0.365$ です。これから，この方法は cut-off ルールに近似していて，大きな n になるに従って，最適な k/n 値は $1/e$ に近づくと予想されます。

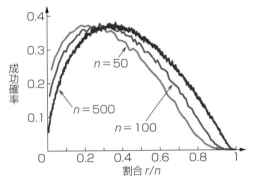

解図 11　成功確率のグラフ

　また問題を拡張して秘書の能力がある分布に基づくと仮定すると，より的確な戦略を考えることができます。例えば，より現実的な仮定として秘書の能力が正規分布に従うとしましょう。そのときは次のような戦略が取れます。

1. 最初の n 人は統計データを取るためだけに用い，ここから採用することはない。このデータを用いて，標本平均 μ と標本偏差 σ を推定する。
2. 次に $\mu + \alpha \times \sigma$ を超える候補者が来たらその人を採用する。
3. 最後の候補者になったらその人を無条件採用する。

ここで n と α がパラメータです。n としては，cut-off ルールを参考にして $1/e \fallingdotseq 0.37$ となるように取るのがよいでしょう。この戦略を用いると 40% を超える成功確率を達成することができます。ただし，成績は正規分布の分散値に依存します。

解答例 6.4　GA による分割問題

　例えば，**解表 6** のパラメータで 10 個の整数（1～100）を分割する問題に対して実行すると**解表 7** の結果が得られました。GA は（計算量の多い）全探索法の次によい結果であり，欲張りアルゴリズムや差分法よりも解の性能の点では優れていることが

210 練習問題のヒントと解答例

解表6 GA の実行パラメータ

パラメータ	値
遺伝子のコード長	10
集団数	100
突然変異率	0.001
交叉率	0.8
最大世代数	50
選択方法	ルーレット方式

解表7 実行結果の比較

探索方法	実験回数	成績
全探索	10 000	0.68
欲張り	1 000 000	7.15
差分法	1 000 000	2.30
GA	1 000 × 100	1.49

分かります。ただし GA においては

- 適切なパラメータ調整
- 遺伝子コード化の工夫
- 交叉，突然変異の工夫

など，さまざまに改良することが必要であり，かつまたそれが研究の醍醐味です。より詳細に検討するには，分割和の差がどのくらいになるかの平均値と分散値を示す必要があります。さらに

1. GA の各種パラメータ
2. 問題例

をさまざまに変化させて実験結果を比較・考察してみましょう。パラメータ（集団数，世代数，交叉率，突然変異率など）や問題の難しさ（サイズ，質の違い）が探索の効率にどのように影響するのかを観察するのが重要です。

解答例6.5 Floyd の問題

この問題の出典は文献[77]です。本来の問題には 10 秒以内という計算条件が課されていましたが，ここではその制約は無視しています。153 ページで説明したクヌースのヒューリスティクスの詳細は文献[4]を参照してください。このヒューリスティクスでの評価回数（計算量）は $45\,056 + 2^{26} + 2^7 \fallingdotseq 2^{26} \fallingdotseq 6.7 \times 10^7$ です。この方法は基本的には全探索で，50 までの数に関しての性質を慎重に吟味しています。

解答例6.6 GA による荷造り問題

GA による拡張はさまざまに試みられています。例えば，ベストフィット法では「残りスペース最大の箱に詰める」となっていますが，ある程度ゆとりを持って大きめのスペースに詰めるとよいかもしれません。このゆとりの割合を遺伝子型にしてみると新たな戦略が得られるでしょう。

索　引

【あ】

アイゼンシュタイン三角形　33
アノマロカリス　127
アミノ酸　128, 131, 205

【い】

一時状態　96
一様交叉　155
一様分布　56, 82, 148, 175, 196
一様乱数　51, 53
一点交叉　155
遺伝子型　151, 154, 156, 164, 210
遺伝的アルゴリズム　31, 132, 207
遺伝的浮動　121, 126
遺伝的プログラミング　132
因果推論　70

【う】

ウィルソンの定理　8
宇宙人　57

【え】

エラー率　9, 11
塩　基　131
塩基配列　119
冤　罪　71
円周率　51

【お】

オイラー図　109
黄金比　32
オーソロガス遺伝子　129
オーバーフロー　7, 8

オフラインヒューリスティクス　161
オンラインヒューリスティクス　161

【か】

カーマイケル数　9
階乗ループ　23
解析的数論　16
回　文　37, 191
確信度　53
攪乱順列　48, 50
確率空間　45
確率モデル　45
過剰数　26
頑強性　131
完全数　25, 36
カンブリア紀　59, 127

【き】

機械学習　60, 68
幾何分布　82
木構造　30
記号的表象　109
擬似素数　9
擬似乱数　40
基本行列　96
逆ポーランド記法　30
吸収確率　96, 99
吸収状態　96, 115
偽陽性　62
距離行列法　130
均衡点　99
近親交配　122
近隣結合法　130, 206

【く】

グルグルカレンダー　101, 203

グレゴリウス暦　101, 104
群　論　85

【け】

計算困難　145
計算量　7, 147, 152, 210
系統学　126
系統樹　126, 205
ゲノム解析　128
検察官の誤審　70
検査パラドクス　54, 174, 195

【こ】

後行順操作　132
交　叉　164, 207, 210
公　差　20
合成数判定のアルゴリズム　9
合同式　7, 102
効　率　146
コード化　149
コーパス　69
ゴールドバッハ予想　13
互除法　19
固定確率　117, 120, 122
固定間隔　122
固定時間　122
コペルニクスの原理　52, 195

【さ】

最悪状況解析　147
再　帰　50
最終カード　79
最大公約数　4, 5
最大尤度　206
最適化　68, 147, 164
最適選択問題　135
最適戦略　141
最適値　143, 148, 163, 165

212　索　　　引

最尤法　130, 131, 206
最良適合度　154
差分法　147, 153, 155, 209
三角数　34
算術演算　8, 11
三段論法　105, 204

【し】

事後確率　66, 68
指数分布　122, 195
事前確率　65, 68, 75
自然対数の底　50, 140
自然淘汰　126
自　白　71
シミュレーション　40,
　44, 47, 73, 77, 79, 85, 91,
　122, 140, 143, 148, 171,
　193, 200, 208
自明でない平方根　10
集合論　109
集団遺伝学　114, 120
集団数　122, 155, 165, 210
周辺確率　61, 66
種分化　129
巡回セールスマン問題　207
巡回置換　86
　——の長さ　86
条件付き確率　73
小前提　105
乗法定理　61
ジョセフ・ステインの方法　5
進　化　58
　——のメカニズム　120
進化過程　126
進化速度　125
進化モデル　117
人工生命　58
人工知能　15, 31, 60, 113
人類の未来　54

【す】

推移確率　81
推移確率行列　93, 95, 199

数論の父　8
スパムフィルタ　69

【せ】

正確さ　146
正規分布　57, 195, 209
成功確率　136, 140,
　142, 143, 209
星状系統樹分割法　134, 206
生命進化　119
世代数　155
遷移確率　131
線形合同法　40

【そ】

相関関係　70
相対適合度　120
相対的ダーウィン適応度　117
素数生成多項式　2, 188
素数判定　7, 10, 168
素数魔方陣　21
ソフトコンピューティング
　133

【た】

大前提　105
大量絶滅　58
多目的最適化　32
多様性　58

【ち】

置　換　120, 129, 132
置換群　85
地球の年齢　53
逐次追加法　134, 206
致死遺伝子　164
知的観測者　52
中立仮説　121, 126
中立突然変異　123
超過剰数　27

【つ】

ツェラーの公式　101

強い人工知能　65, 70

【て】

データマイニング　68
適合度　117, 122,
　151, 154, 155
デュードニー数　38
天井関数　160

【と】

同系交配　122
淘　汰　116, 121
突然変異　116, 118, 123,
　151, 164, 210
突然変異率　122, 124,
　126, 151
トポロジー　129, 131, 206
取調官の誤審　71
ド・ポリニャック予想　15

【な】

並替えネクストフィット法
　161
並替えファーストフィット法
　162

【に】

荷造り問題　156
二分木　129, 206
ニューラルネットワーク　133
任意交配　121
認知科学　109, 143

【ね】

根　129
ネクストフィット法　158

【は】

バージェス頁岩　127
バイオインフォマティックス
　130
バイナリ列　149, 154
排反事象　66

索　　　　引　　213

パスカルの問題　　　　　171
ハッシュ表　　　　　　　13
速　さ　　　　　　　　146
パラドクス　　　44, 54, 57
繁殖個体数　　　　　　125
繁殖成功度　　　　　　117
反復二乗法　　　　　　　7

【ひ】

非協力ゲーム　　　　　99
秘書問題　　　　　51, 136
ピタゴラス三角形　　　32
ビット演算　　　　　　8
ヒトゲノム　　　　　　128
ヒューリスティクス　132,
　　　　144, 155, 158, 210
ビュホンの針　　　　　52
表現型　　　　　　　　151
標本空間　　　　　　　45
ビンパッキング問題　164

【ふ】

ファーストフィット法　159
ファジィ　　　　　　　133
フィールズ賞　　　　　21
フェルマーの小定理　　8
フェロモン　　　　　　132
不思議の国のアリス　　34
不足数　　　　　　　　26
双子の素数　　　　　　20
ブラウアーの不動点定理　99
フロッピーディスク　　195
分割問題　　　　　145, 209
分子系統学　　　　　　128
分子系統樹　　　　　　128
分子進化　　　　　121, 126

【へ】

平均時間間隔　　　　　124
平均待ち時間　　　　　56

ベイズ推定　　　　　　68
ベイズネットワーク　　70
ベイズの定理　　　　　66
平方剰余　　　　　17, 20
平方数　　　　　　　　17
平方総和　　　　　　　22
べき剰余　　　　　　7, 11
ベストフィット法　164, 210
ヘモグロビン　　　　　131
ベルトランの逆理　　　44
ペル方程式　　　　　　38
ヘロンの公式　　　　　32
ヘロンの三角形　　　　32
ベン図　　　　　　　　109

【ほ】

ポアソン過程　　　　　65
ポアソン到着分布　　　195
ポアソン分布　　　　　57
ほとんど整数　　　　　30
ポリア予想　　　　　　15

【ま】

マシューズの公式　71, 196
マルコフ過程　　　82, 91,
　　　　　　　　98, 201
マルチプルアラインメント
　　　　　129, 130, 206

【み】

未来予測　　　　　　　53

【む】

無根系統樹　　　　　　129

【め】

メタヒューリスティクス
　　　132, 164, 167, 207
メルセンヌ数　　　　　25
メルセンヌ素数　　　　36

メルセンヌ・ツイスタ　40
メンタルモデル　　　　109

【も】

モラン過程　　　　　　114
モンティ・ホール問題　76,
　　　　　　　177, 197
モンテカルロ法　　　　165

【や】

焼きなまし法　　　　　132
約数ループ　　　　　　24
山登り法　　　　　31, 145

【ゆ】

友愛数　　　　　　　　28
ユークリッドの互除法　5
ユークリッドの方法　　17
有限等差素数列　　　　20
尤　度　　　68, 131, 134
ユリウス暦　　　102, 104

【よ】

欲張りアルゴリズム　146,
　　　　　　　155, 209
余弦定理　　　　　　　33
弱いゴールドバッハ予想
　　　　　　　　　　14

【ら】

ランダム事象　　　　　65

【れ】

レーザーディスク　　　195
レトロウィルス　　　　128

【ろ】

ロズウェル　　　　　　58
論　理　　　　　　　　113

英数字

【A】

ACO 132, 207
AI 15, 109
Almost Integer 30
AM 31

【B】

Benoit Cloitre の漸化式
6, 189

【C】

candidate count ルール 141
cut-off ルール 136

【D】

DNA 70, 129
doomsday 102
duel 89

【F】

Fisher-Yates シャッフル
47, 79
Floyd の問題 151, 210

【G】

GA 132, 149, 154,
164, 209
Google 54, 203
GP 132

【K】

k 完全数 25
Kruskal カウント 78, 178,
198

【L】

LISP 204

【M】

Mathematica 4, 188
Messy GA 155
Miller-Rabin 素数判定テスト
7, 10

【N】

non-candidate count ルール
208
NP 完全 145
Nuel 89

【O】

OR ライブラリ 164, 166

【P】

PHYLIP 206, 207
PSO 132

【S】

SA 132
successive non-candidate
ルール 141

【T】

truel 89, 200

【数字】

1 ダース法 144
3 囚人の問題 73, 175
$4k+1$ 型素数 190
$4k-1$ 型素数 17, 20, 190
13 日の金曜日 101, 203
99 ループ 25, 190
100 囚人の問題 85, 181

人 名

【え】

エルデシュ，ポール
Erdös, Paul 60, 77

【お】

オイラー，レオンハルト
Euler, Leonhard 1, 12,
14, 17, 25, 29, 38, 51

【か】

ガードナー，マーチン
Gardner, Martin 135
カープ，リチャード
Karp, Richard Manning
147
カーマーカー，ナレンドラ
Karmarkar, Narendra
147

【き】

木村資生 119, 126
キャロル，ルイス
Carroll, Lewis 34, 191

【く】

グールド，スティーブン・J.
Gould, Stephen Jay
62, 128

索　　引　　215

クヌース，ドナルド
Knuth, Donald Ervin
89, 210
グラハム，ロナルド
Graham, Ronald　146

【こ】
ゴールドバッハ，クリスチャ
ン
Goldbach, Christian　13
コペルニクス，ニコラウス
Copernicus, Nicolaus　52

【た】
ダーウィン，チャールズ
Darwin, Charles　120

【て】
デカルト，ルネ
Descartes, René　26, 28
デュードニー，ヘンリー
Dudeney, Henry Ernest
38, 192
寺田寅彦　65

タオ，テレンス
Tao, Terence　20

【な】
ナッシュ，ジョン
Nash, John　99

【は】
ハーディ，ゴッドフレイ
Hardy, Godfrey Harold
1, 30
パスカル，ブレーズ
Pascal, Blaise　39, 193

【ひ】
ピンカー，スティーブン
Pinker, Steven Arthur　65

【ふ】
フェルマー，ピエール・ド
Fermat, Pierre de　8, 17,
26, 38, 39
フェルミ，エンリコ
Fermi, Enrico　57

【へ】
ベイズ，トーマス
Bayes, Thomas　65

【ほ】
ポリア，ジョージ
Pólya, György　15

【み】
ミラー，ジェフリー
Miller, Geoffrey　144

【ら】
ラグランジュ，ジョセフ＝
ルイ
Lagrange, Joseph-Louis
17
ラマヌジャン，シュリニ
ヴァーサ
Ramanujan, Srinivasa　30

【れ】
レイアード，ジョンソン
Laird, Johnson　109, 204

―― 著者略歴 ――

1990 年　東京大学大学院工学系研究科博士課程修了（情報工学専攻）
　　　　 工学博士
1990 年　電子技術総合研究所入所
1998 年　東京大学助教授
2004 年　東京大学教授
　　　　 現在に至る

プログラムで愉しむ数理パズル
――未解決の難問や AI の課題に挑戦――
Mathematical Puzzles for Programming Fun
――Challenging Unsolved Problems and AI-related Topics――
　　　　　　　　　　　　　　　　　　　　Ⓒ Hitoshi Iba 2016

2016 年 8 月 10 日　初版第 1 刷発行　　　　　　　　　　　★

検印省略	著　者	伊　庭　斉　志
	発 行 者	株式会社　コロナ社
	代 表 者	牛来真也
	印 刷 所	三美印刷株式会社

112–0011　東京都文京区千石 4–46–10
発行所　株式会社　コロナ社
CORONA PUBLISHING CO., LTD.
Tokyo Japan
振替 00140-8-14844・電話(03)3941-3131(代)
ホームページ http://www.coronasha.co.jp

ISBN 978-4-339-02859-1　　（松岡）　　（製本：愛千製本所）
Printed in Japan

本書のコピー，スキャン，デジタル化等の
無断複製・転載は著作権法上での例外を除
き禁じられております。購入者以外の第三
者による本書の電子データ化及び電子書籍
化は，いかなる場合も認めておりません。

落丁・乱丁本はお取替えいたします